"十三五"国家重点出版物出版规划项目

中国生物物种名录

第二卷 动物

昆虫（Ⅷ）

鳞翅目

尺蛾科（尺蛾亚科）

Lepidoptera

Geometridae (Geometrinae)

韩红香 姜 楠 薛大勇 程 瑞 编著

科学出版社

北 京

内 容 简 介

尺蛾亚科隶属于鳞翅目尺蛾总科尺蛾科，是尺蛾科中的第四大亚科，种类大都是植食性昆虫。本书在《中国蛾类图鉴Ⅰ》、*Geometrid Moths of the World: A Catalogue (Lepidoptera, Geometridae)*、《中国动物志 昆虫纲 第五十四卷 鳞翅目 尺蛾科 尺蛾亚科》及近年发表的文献资料的基础上整理完成，共包括中国有分布的尺蛾亚科昆虫70属398种。

本书可作为昆虫学科研与教学工作者、生物多样性保护与农林生产部门及高等院校相关专业的师生参考用书。

图书在版编目（CIP）数据

中国生物物种名录. 第二卷, 动物. 昆虫. Ⅷ, 鳞翅目. 尺蛾科. 尺蛾亚科/韩红香等编著.—北京：科学出版社，2019.1

"十三五"国家重点出版物出版规划项目　国家出版基金项目

ISBN 978-7-03-059679-6

Ⅰ.①中… Ⅱ.①韩… Ⅲ.①生物–物种–中国–名录 ②尺蛾科–物种–中国–名录 Ⅳ.①Q152-62 ②Q969.433.2-62

中国版本图书馆CIP数据核字（2018）第263782号

责任编辑：马　俊　王　静　付　聪　侯彩霞／责任校对：郑金红
责任印制：张　伟／封面设计：刘新新

科学出版社 出版
北京东黄城根北街16号
邮政编码：100717
http://www.sciencep.com

北京教图印刷有限公司 印刷
科学出版社发行　各地新华书店经销
*

2019年1月第　一　版　开本：889×1194 1/16
2019年1月第一次印刷　印张：5 1/2
字数：190 000
定价：98.00元
（如有印装质量问题，我社负责调换）

Species Catalogue of China

Volume 2 Animals

INSECTA (VIII)

Lepidoptera

Geometridae (Geometrinae)

Authors: Hongxiang Han Nan Jiang Dayong Xue Rui Cheng

Science Press

Beijing

《中国生物物种名录》编委会

主 任（主 编） 陈宜瑜

副主任（副主编） 洪德元 刘瑞玉 马克平 魏江春 郑光美

委 员（编 委）

卜文俊	南开大学	陈宜瑜	国家自然科学基金委员会
洪德元	中国科学院植物研究所	纪力强	中国科学院动物研究所
李 玉	吉林农业大学	李枢强	中国科学院动物研究所
李振宇	中国科学院植物研究所	刘瑞玉	中国科学院海洋研究所
马克平	中国科学院植物研究所	彭 华	中国科学院昆明植物研究所
覃海宁	中国科学院植物研究所	邵广昭	台湾"中央研究院"生物多样性研究中心
王跃招	中国科学院成都生物研究所	魏江春	中国科学院微生物研究所
夏念和	中国科学院华南植物园	杨 定	中国农业大学
杨奇森	中国科学院动物研究所	姚一建	中国科学院微生物研究所
张宪春	中国科学院植物研究所	张志翔	北京林业大学
郑光美	北京师范大学	郑儒永	中国科学院微生物研究所
周红章	中国科学院动物研究所	朱相云	中国科学院植物研究所
庄文颖	中国科学院微生物研究所		

工 作 组

组 长 马克平

副组长 纪力强 覃海宁 姚一建

成 员 韩 艳 纪力强 林聪田 刘忆南 马克平 覃海宁 王利松 魏铁铮 薛纳新 杨 柳 姚一建

总　　序

　　生物多样性保护研究、管理和监测等许多工作都需要翔实的物种名录作为基础。建立可靠的生物物种名录也是生物多样性信息学建设的首要工作。通过物种唯一的有效学名可查询关联到国内外相关数据库中该物种的所有资料，这一点在网络时代尤为重要，也是整合生物多样性信息最容易实现的一种方式。此外，"物种数目"也是一个国家生物多样性丰富程度的重要统计指标。然而，像中国这样生物种类非常丰富的国家，各生物类群研究基础不同，物种信息散见于不同的志书或不同时期的刊物中，加之分类系统及物种学名也在不断被修订。因此建立实时更新、资料翔实，且经过专家审订的全国性生物物种名录，对我国生物多样性保护具有重要的意义。

　　生物多样性信息学的发展推动了生物物种名录编研工作。比较有代表性的项目，如全球鱼类数据库（FishBase）、国际豆科数据库（ILDIS）、全球生物物种名录（CoL）、全球植物名录（TPL）和全球生物名称（GNA）等项目；最有影响的全球生物多样性信息网络（GBIF）也专门设立子项目处理生物物种名称（ECAT）。生物物种名录的核心是明确某个区域或某个类群的物种数量，处理分类学名称，厘清生物分类学上有效发表的拉丁学名的性质，即接受名还是异名及其演变过程；好的生物物种名录是生物分类学研究进展的重要标志，是各种志书编研必需的基础性工作。

　　自 2007 年以来，中国科学院生物多样性委员会组织国内外 100 多位分类学专家编辑中国生物物种名录；并于 2008 年 4 月正式发布《中国生物物种名录》光盘版和网络版（http://www.sp2000.org.cn/），此后，每年更新一次；2012 年版名录已于同年 9 月面世，包括 70 596 个物种（含种下等级）。该名录自发布受到广泛使用和好评，成为环境保护部物种普查和农业部作物野生近缘种普查的核心名录库，并为环境保护部中国年度环境公报物种数量的数据源，我国还是全球首个按年度连续发布全国生物物种名录的国家。

　　电子版名录发布以后，有大量的读者来信索取光盘或从网站上下载名录数据，取得了良好的社会效果。有很多读者和编者建议出版《中国生物物种名录》印刷版，以方便读者、扩大名录的影响。为此，在 2011 年 3 月 31 日中国科学院生物多样性委员会换届大会上正式征求委员的意见，与会者建议尽快编辑出版《中国生物物种名录》印刷版。该项工作得到原中国科学院生命科学与生物技术局的大力支持，设立专门项目，支持《中国生物物种名录》的编研，项目于 2013 年正式启动。

　　组织编研出版《中国生物物种名录》（印刷版）主要基于以下几点考虑。①及时反映和推动中国生物分类学工作。"三志"是本项工作的重要基础。从目前情况看，植物方面的基础相对较好，2004 年 10 月《中国植物志》80 卷 126 册全部正式出版，*Flora of China* 的编研也已完成；动物方面的基础相对薄弱，《中国动物志》虽已出版 130 余卷，但仍有很多类群没有出版；《中国孢子植物志》已出版 80 余卷，很多类群仍有待编研，且微生物名录数字化基础比较薄弱，在 2012 年版中国生物物种名录光盘版中仅收录 900 多种，而植物有 35 000 多种，动物有 24 000 多种。需要及时总结分类学研究成果，把新种和新的修订，包括分类系统修订的信息及时整合到生物物种名录中，以克服志书编写出版周期长的不足，让各个方面的读者和用户及时了解和使用新的分类学成果。②生物物种名称的审订和处理是志书编写的基础性工作，名录的编研出版可以推动生物志书的编研；相关学科如生物地理学、保护生物学、生态学等的研究工作需要及时更新的生物物种名录。③政府部门和社会团体等在生物多样性保护和可持续利用的实践中，希望及时得到中国物种多样性的统计信息。④全球生物物种名录等国际项目需要中国生物物种名录等区域性名录信息不断更新完善，因此，我们的工作也可以在一定程度上推动全球生物多样性编目与保护工作的进展。

编研出版《中国生物物种名录》（印刷版）是一项艰巨的任务，尽管不追求短期内涉及所有类群，也是难度很大的。衷心感谢各位参编人员的严谨奉献，感谢几位副主编和工作组的把关和协调，特别感谢不幸过世的副主编刘瑞玉院士的积极支持。感谢国家出版基金和科学出版社的资助和支持，保证了本系列丛书的顺利出版。在此，对所有为《中国生物物种名录》编研出版付出艰辛努力的同仁表示诚挚的谢意。

虽然我们在《中国生物物种名录》网络版和光盘版的基础上，组织有关专家重新审订和编写名录的印刷版。但限于资料和编研队伍等多方面因素，肯定会有诸多不尽如人意之处，恳请各位同行和专家批评指正，以便不断更新完善。

陈宜瑜

2013 年 1 月 30 日于北京

动物卷前言

《中国生物物种名录》(印刷版)动物卷是在该名录电子版的基础上,经编委会讨论协商,选择出部分关注度高、分类数据较完整、近年名录内容更新较多的动物类群,组织分类学专家再次进行审核修订,形成的中国动物名录的系列专著。它涵盖了在中国分布的脊椎动物全部类群、无脊椎动物的部分类群。目前计划出版14册,包括兽类(1册)、鸟类(1册)、爬行类(1册)、两栖类(1册)、鱼类(1册)、无脊椎动物蜘蛛纲蜘蛛目(1册)和部分昆虫(7册)名录,以及脊椎动物总名录(1册)。

动物卷各类群均列出了中文名、学名、异名、原始文献和国内分布,部分类群列出了国外分布和模式信息,还有部分类群将重要参考文献以其他文献的方式列出。在国内分布中,省级行政区按以下顺序排序:黑龙江、吉林、辽宁、内蒙古、河北、天津、北京、山西、山东、河南、陕西、宁夏、甘肃、青海、新疆、安徽、江苏、上海、浙江、江西、湖南、湖北、四川、重庆、贵州、云南、西藏、福建、台湾、广东、广西、海南、香港、澳门。为了便于国外读者阅读,将省级行政区英文缩写括注在中文名之后,缩写说明见前言后附表格。为规范和统一出版物中对系列书各分册的引用,我们还给出了引用方式的建议,见缩写词表格后的图书引用建议。

为了帮助各分册作者编辑名录内容,动物卷工作组建立了一个网络化的物种信息采集系统,先期将电子版的各分册内容导入,并为各作者开设了工作账号和工作空间。作者可以随时在网络平台上补充、修改和审定名录数据。在完成一个分册的名录内容后,按照名录印刷版的格式要求导出名录,形成完整规范的书稿。此平台极大地方便了作者的编撰工作,提高了印刷版名录的编辑效率。

据初步统计,共有62名动物分类学家参与了动物卷各分册的编写工作。编写分类学名录是一项烦琐、细致的工作,需要对研究的类群有充分了解,掌握本学科国内外的研究历史和最新动态。核对一个名称,查找一篇文献,都可能花费很多的时间精力。正是他们一丝不苟、精益求精的工作态度,不求名利的奉献精神,才使这套基础性、公益性的高质量成果得以面世。我们借此机会感谢各位专家学者默默无闻的贡献,向他们表示诚挚的敬意。

我们还要感谢丛书主编陈宜瑜,副主编洪德元、刘瑞玉、马克平、魏江春、郑光美给予动物卷编写工作的指导和支持,特别感谢马克平副主编大量具体细致的指导和帮助;感谢科学出版社编辑认真细致的编辑和联络工作。

随着分类学研究的进展,物种名录的内容也在不断更新。电子版名录在每年更新,印刷版名录也将在未来适当的时候再版。最新版的名录内容可以从物种2000中国节点的网站(http://www.sp2000.org.cn/)上获得。

《中国生物物种名录》动物卷工作组
2016年6月

中国各省（自治区、直辖市和特区）名称和英文缩写
Abbreviations of provinces, autonomous regions and special administrative regions in China

Abb.	Regions	Abb.	Regions	Abb.	Regions	Abb.	Regions	Abb.	Regions	Abb.	Regions
AH	Anhui	GX	Guangxi	HK	Hong Kong	LN	Liaoning	SD	Shandong	XJ	Xinjiang
BJ	Beijing	GZ	Guizhou	HL	Heilongjiang	MC	Macau	SH	Shanghai	XZ	Xizang
CQ	Chongqing	HB	Hubei	HN	Hunan	NM	Inner Mongolia	SN	Shaanxi	YN	Yunnan
FJ	Fujian	HEB	Hebei	JL	Jilin	NX	Ningxia	SX	Shanxi	ZJ	Zhejiang
GD	Guangdong	HEN	Henan	JS	Jiangsu	QH	Qinghai	TJ	Tianjin		
GS	Gansu	HI	Hainan	JX	Jiangxi	SC	Sichuan	TW	Taiwan		

图书引用建议（以本书为例）

中文出版物引用：韩红香，姜楠，薛大勇，程瑞. 2018. 中国生物物种名录·第二卷动物·昆虫（Ⅷ）/鳞翅目/尺蛾科（尺蛾亚科）. 北京：科学出版社：引用内容所在页码

Suggested Citation: Han H X, Jiang N, Xue D Y, Cheng R. 2018. Species Catalogue of China. Vol. 2. Animals, Insecta (Ⅷ), Lepidoptera, Geometridae (Geometrinae). Beijing: Science Press: Page number for cited contents

前　言

中国疆域辽阔，横跨古北和东洋两界，昆虫区系多样性丰富，包括丰富的尺蛾亚科昆虫资源。尺蛾亚科隶属于鳞翅目尺蛾总科尺蛾科，是尺蛾科中的第四大亚科。尺蛾亚科昆虫全世界已知约 270 属 2500 余种（Scoble，1999；Scoble & Hausmann，2007），属世界性分布。

本名录主要基于《中国蛾类图鉴Ⅰ》、*Geometrid Moths of the World*: *A Catalogue* (*Lepidoptera*, *Geometridae*)（Scoble，1999）和《中国动物志 昆虫纲 第五十四卷 鳞翅目 尺蛾科 尺蛾亚科》整理完成。《中国动物志》（第五十四卷）于 2009 年完稿，2011 年出版，记述了中国有分布的尺蛾亚科昆虫 67 属 362 种。本名录依据动物学记录及相关文献，增补了 2009 年至 2016 年 12 月发表的中国尺蛾亚科昆虫的新属、新种，修订了异名关系、分布信息等，共记录中国有分布的尺蛾亚科昆虫 70 属 398 种。本名录收录了各属的学名及原始文献、中文名、重要的异名和文献、模式种信息、相关文献等，收录了各物种的学名及原始文献、中文名、模式标本产地、模式标本信息、模式标本保藏地、重要的异名和文献、分布、中文别名、相关文献等。

物种分布中提供了我国各分布地的中文名称和缩写，以及世界各个国家或地区的名称。

本名录中模式标本保藏地缩写及全称对照如下

BMNH	The Natural History Museum, London, UK
IZCAS	Institute of Zoology, Chinese Academy of Sciences, Beijing, China
LSL	Linnean Society of London, UK
MNHN	Muséum National d'Histoire Naturelle, Paris, France
MNHU	Museum für Naturkunde der Humboldt—Universität zu Berlin, Germany
NHRS	Naturhistoriska Riksmuseet, Stockholm, Sweden
NSMT	National Science Museum (Natural History), Tokyo, Japan
OUM	Oxford University Museum of Natural History, UK
SCAU	South China Agricultural University, Guangzhou, China
SMF	Senckenberg Museum, Frankfurt-am-Main, Germany
TFRI	Insect collection of Taiwan Forestry Research Institute, Taipei, China
ZFMK	Zoologisches Forschungsmuseum Alexander Koenig, Bonn, Germany
ZIS	Zoological Institute, Academy of Sciences, St. Petersburg, Russia
ZMUC	Zoological Museum, University of Copenhagen, Denmark
ZSM	Zoologische Staatssammlungen, Munich, Germany

在此衷心感谢华南农业大学王敏教授赠送的专著《广东南岭国家级自然保护区蛾类》，感谢台湾"行政院"农业委员会特有生物研究保育中心吴士纬博士赠送的专著《合欢山的蛾》，使得作者可以增补尺蛾亚科昆虫在广东和台湾的分布。

Preface

The rich biodiversity of insects in China is associated with its vast territory ranging from the Palaearctic to Oriental Realms. The Geometrinae, with more than 2500 described species in approximately 270 genera according to the geometrid catalogue (Scoble, 1999; Scoble & Hausmann, 2007), is the fourth largest subfamily in the Geometridae, Lepidoptera, and distributed almost worldwide.

This catalogue was completed mainly based on *Iconographia Heterocerorum Sinicorum* I, *Geometrid Moths of the World: A Catalogue (Lepidoptera, Geometridae)* (Scoble, 1999), and *Fauna Sinica Insecta Vol. 54: Lepidoptera Geometridae Geometrinae*. The Vol. 54 of *Fauna Sinica* was finished in 2009 and published in 2011, in which 362 species in 67 genera from China were recorded. In this catalogue, we added the new genera and new species published between 2009 and December 2016 by checking Zoological Record and related literatures, revised some synonyms and distribution data. In total, 398 species in 70 genera were included. The main taxonomic items related to a genus, such as the scientific name and original reference, Chinese name, important synonym and reference, type species, and related reference were included. For a species, the scientific name and original reference, Chinese name, type locality, type specimens information, depositories of type specimen, important synonym and reference, distribution, Chinese common name, and related reference were included.

In the distribution data of the species, names and their abbreviations of Chinese provinces or regions, and country or regions in the World were provided.

Depositories of type specimens are as follows

BMNH	The Natural History Museum, London, UK
IZCAS	Institute of Zoology, Chinese Academy of Sciences, Beijing, China
LSL	Linnean Society of London, UK
MNHN	Muséum National d'Histoire Naturelle, Paris, France
MNHU	Museum für Naturkunde der Humboldt—Universität zu Berlin, Germany
NHRS	Naturhistoriska Riksmuseet, Stockholm, Sweden
NSMT	National Science Museum (Natural History), Tokyo, Japan
OUM	Oxford University Museum of Natural History, UK
SCAU	South China Agricultural University, Guangzhou, China
SMF	Senckenberg Museum, Frankfurt-am-Main, Germany
TFRI	Insect collection of Taiwan Forestry Research Institute, Taipei, China
ZFMK	Zoologisches Forschungsmuseum Alexander Koenig, Bonn, Germany
ZIS	Zoological Institute, Academy of Sciences, St. Petersburg, Russia
ZMUC	Zoological Museum, University of Copenhagen, Denmark
ZSM	Zoologische Staatssammlungen, Munich, Germany

We express our sincere thanks to Prof. Min Wang, South China Agricultural University, Guangzhou, China, for presenting the monograph *Moths of Guangdong Nanling National Nature Reserve*, and to Dr. Shiwei Wu, Endemic Species Research Institute, Council of Agriculture, "Executive Yuan", Taiwan, China, for presenting the monograph *Moths of Hehuanshan*.

目 录

总序

动物卷前言

前言

Preface

1. 羚尺蛾属 *Absala* Swinhoe, 1893 ·············· 1
2. 绿粉尺蛾属 *Actenochroma* Warren, 1893 ······ 1
3. 艳青尺蛾属 *Agathia* Guenée, 1858 ············ 1
4. 麻青尺蛾属 *Aoshakuna* Matsumura, 1925 ····· 3
5. 绿荷尺蛾属 *Aporandria* Warren, 1894 ········ 3
6. 灰黄尺蛾属 *Aracima* Butler, 1878 ············ 4
7. 银绿尺蛾属 *Argyrocosma* Turner, 1910 ······· 4
8. 丽斑尺蛾属 *Berta* Walker, 1863 ·············· 4
9. 双弓尺蛾属 *Calleremites* Warren, 1894 ······ 5
10. 仿锈腰尺蛾属 *Chlorissa* Stephens, 1831 ······ 5
11. 玫绿尺蛾属 *Chlorochromodes* Warren, 1896 ··· 6
12. 四眼绿尺蛾属 *Chlorodontopera* Warren, 1893 · 7
13. 绿雕尺蛾属 *Chloroglyphica* Warren, 1894 ····· 7
14. 瓷尺蛾属 *Chlororithra* Butler, 1889 ·········· 7
15. 绿镰尺蛾属 *Chlorozancla* Prout, 1912 ········ 8
16. 绿尺蛾属 *Comibaena* Hübner, 1823 ·········· 8
17. 亚四目绿尺蛾属 *Comostola* Meyrick, 1888 ····· 11
18. 赤线尺蛾属 *Culpinia* Prout, 1912 ············· 14
19. 环点绿尺蛾属 *Cyclothea* Prout, 1912 ········· 14
20. 峰尺蛾属 *Dindica* Moore, 1888 ··············· 14
21. 涡尺蛾属 *Dindicodes* Prout, 1912 ············ 16
22. 渎青尺蛾属 *Dooabia* Warren, 1894 ············ 17
23. 迪青尺蛾属 *Dyschloropsis* Warren, 1895 ······ 17
24. 豹尺蛾属 *Dysphania* Hübner, 1819 ··········· 18
25. 霞青尺蛾属 *Ecchloropsis* Prout, 1938 ········ 18
26. 黄斑尺蛾属 *Epichrysodes* Han et Stüning, 2007 ········ 19
27. 京尺蛾属 *Epipristis* Meyrick, 1888 ·········· 19
28. 翼尺蛾属 *Episothalma* Swinhoe, 1893 ········ 20
29. 缘青尺蛾属 *Eucrostes* Hübner, 1823 ········· 20
30. 彩青尺蛾属 *Eucyclodes* Warren, 1894 ········ 20
31. 青尺蛾属 *Geometra* Linnaeus, 1758 ·········· 22
32. 无缰青尺蛾属 *Hemistola* Warren, 1893 ······· 24
33. 锈腰尺蛾属 *Hemithea* Duponchel, 1829 ······· 28
34. 始青尺蛾属 *Herochroma* Swinhoe, 1893 ······ 29
35. 介青尺蛾属 *Idiochlora* Warren, 1896 ········· 31
36. 辐射尺蛾属 *Iotaphora* Warren, 1894 ········· 31
37. 突尾尺蛾属 *Jodis* Hübner, 1823 ·············· 32
38. 巨青尺蛾属 *Limbatochlamys* Rothschild, 1894 ······ 34
39. 镶纹绿尺蛾属 *Linguisaccus* Han, Galsworthy *et* Xue, 2012 ········ 34
40. 冠尺蛾属 *Lophophelma* Prout, 1912 ·········· 34
41. 芦青尺蛾属 *Louisproutia* Wehrli, 1932 ······· 36
42. 尖尾尺蛾属 *Maxates* Moore, 1887 ············ 36
43. 豆纹尺蛾属 *Metallolophia* Warren, 1895 ······ 40
44. 异尺蛾属 *Metaterpna* Yazaki, 1992 ··········· 40
45. 岔绿尺蛾属 *Mixochlora* Warren, 1897 ········ 41

46. 新青尺蛾属 *Neohipparchus* Inoue, 1944 ········· 41

47. 帆尺蛾属 *Neromia* Staudinger, 1898 ············· 42

48. 月青尺蛾属 *Oenospila* Swinhoe, 1892 ············ 42

49. 绿萍尺蛾属 *Ornithospila* Warren, 1894 ········· 42

50. 斑翠尺蛾属 *Orothalassodes* Holloway, 1996 ······ 43

51. 巨尺蛾属 *Pachista* Prout, 1912 ··················· 43

52. 垂耳尺蛾属 *Pachyodes* Guenée, 1858 ············ 44

53. 苇尺蛾属 *Pamphlebia* Warren, 1897 ············· 44

54. 副锯翅青尺蛾属 *Paramaxates* Warren, 1894 ········ 45

55. 海绿尺蛾属 *Pelagodes* Holloway, 1996 ·········· 45

56. 粉尺蛾属 *Pingasa* Moore, 1887 ·················· 46

57. 丝尺蛾属 *Protuliocnemis* Holloway, 1996 ········ 48

58. 伪翼尺蛾属 *Pseudepisothalma* Han, 2009 ········ 48

59. 假垂耳尺蛾属 *Pseudoterpna* Hübner, 1823 ······· 48

60. 染尺蛾属 *Psilotagma* Warren, 1894 ·············· 49

61. 叶绿尺蛾属 *Remiformvalva* Inoue, 2006 ········· 49

62. 绿菱尺蛾属 *Rhomborista* Warren, 1897 ·········· 49

63. 环斑绿尺蛾属 *Spaniocentra* Prout, 1912 ········ 49

64. 暗青尺蛾属 *Sphagnodela* Warren, 1893 ·········· 50

65. 镰翅绿尺蛾属 *Tanaorhinus* Butler, 1879 ········ 50

66. 樟翠尺蛾属 *Thalassodes* Guenée, 1858 ··········· 51

67. 波翅青尺蛾属 *Thalera* Hübner, 1823 ············ 52

68. 二线绿尺蛾属 *Thetidia* Boisduval, 1840 ········ 53

69. 缺口青尺蛾属 *Timandromorpha* Inoue, 1944 ······ 54

70. 赞青尺蛾属 *Xenozancla* Warren, 1893 ············ 54

参考文献 ·· 55

中文名索引 ······································ 62

学名索引 ·· 67

1. 羚尺蛾属 *Absala* Swinhoe, 1893

Absala Swinhoe, 1893a: 149. **Type species:** *Absala dorcada* Swinhoe, 1893.
其他文献（**Reference**）：Pitkin, Han & James, 2007: 361.

（1）羚尺蛾 *Absala dorcada* Swinhoe, 1893
Absala dorcada Swinhoe, 1893a: 149. **Lectotype** ♂, India: Khasi Hills. (BMNH)
其他文献（**Reference**）：Han & Xue, 2011b: 78.
分布（**Distribution**）：广西（GX）；印度、越南、泰国

2. 绿粉尺蛾属 *Actenochroma* Warren, 1893

Actenochroma Warren, 1893: 350. **Type species:** *Hypochroma muscicoloraria* Walker, 1863.
其他文献（**Reference**）：Pitkin, Han & James, 2007: 366.

（2）绿粉尺蛾 *Actenochroma muscicoloraria* (Walker, 1863)
Hypochroma muscicoloraria Walker, 1863: 1543. **Syntypes** 2♂, India: Darjeeling. (BMNH)
Actenochroma muscioloraria Warren, 1893: 350. (misspelling).
Actenochroma muscicoloraria: Prout, 1932: 46.
异名（**Synonym**）：
Hypochroma sphagnata Felder & Rogenhofer, 1875: pl. 125, fig. 2.
其他文献（**Reference**）：Warren, 1893: 350; Swinhoe, 1894a: 172; Hampson, 1895b: 479; Han & Xue, 2011b: 80.
分布（**Distribution**）：海南（HI）；印度、尼泊尔、喜马拉雅山脉（东北部）（国外部分）、马来西亚、文莱、印度尼西亚（苏门答腊岛）、加里曼丹岛

3. 艳青尺蛾属 *Agathia* Guenée, 1858

Agathia Guenée, 1858: 380. **Type species:** *Geometra lycaenaria* Kollar, 1844.
异名（**Synonym**）：
Lophochlora Warren, 1894a: 389.
Hypagathia Inoue, 1961: 32.

（3）纳艳青尺蛾 *Agathia antitheta* Prout, 1932
Agathia antitheta Prout, 1932: 70. **Syntypes** 9♂1♀, India: Sikkim. (BMNH)
其他文献（**Reference**）：Han & Xue, 2011b: 536.
分布（**Distribution**）：湖北（HB）、四川（SC）、云南（YN）、西藏（XZ）、广西（GX）；印度、尼泊尔、越南

（4）弓艳青尺蛾 *Agathia arcuata* Moore, 1868
Agathia arcuata Moore, 1868: 640. **Syntype(s)** ♀, India: Bengal. (BMNH)
其他文献（**Reference**）：Han & Xue, 2011b: 537.
分布（**Distribution**）：海南（HI）、香港（HK）；印度、缅甸、越南、泰国、斯里兰卡、印度尼西亚（爪哇岛、苏门答腊岛）、加里曼丹岛（北部）

（5）萝摩艳青尺蛾 *Agathia carissima* Butler, 1878
Agathia carissima Butler, 1878b: 50. **Syntypes** ♂♀, Japan: Yokohama, Hakodaté. (BMNH)
Agathia (*Hypagathia*) *carissima*: Inoue, 1961: 32.
异名（**Synonym**）：
Agathia lacunaria Hedemann, 1879: 512.
Agathia prasina Swinhoe, 1893b: 219.
其他文献（**Reference**）：Chu, 1981: 119; Han & Xue, 2011b: 539.
别名（**Common name**）：萝摩青尺蛾
分布（**Distribution**）：黑龙江（HL）、吉林（JL）、辽宁（LN）、内蒙古（NM）、北京（BJ）、山西（SX）、河南（HEN）、陕西（SN）、甘肃（GS）、浙江（ZJ）、湖南（HN）、湖北（HB）、四川（SC）、云南（YN）；俄罗斯、日本、朝鲜半岛、印度

（6）大艳青尺蛾 *Agathia codina* Swinhoe, 1892
Agathia codina Swinhoe, 1892: 7. **Syntypes** 3♂, India: Khasi

Hills. (BMNH)

其他文献（**Reference**）：Han & Xue, 2011b: 540.

分布（**Distribution**）：云南（YN）、海南（HI）；印度、越南、泰国、马来西亚

大艳青尺蛾指名亚种 *Agathia codina codina* Swinhoe, 1892

分布（**Distribution**）：云南（YN）、海南（HI）；印度、越南、泰国

（7）短尾艳青尺蛾 *Agathia diversiformis* Warren, 1894

Agathia diversiformis Warren, 1894a: 394. **Holotype** ♂, India: Darjeeling. (BMNH)

其他文献（**Reference**）：Wang, 1997: 49; Han & Xue, 2011b: 542.

分布（**Distribution**）：云南（YN）、台湾（TW）、海南（HI）；印度、泰国

（8）桌艳青尺蛾 *Agathia gaudens* Prout, 1932

Agathia visenda gaudens Prout, 1932: 71. **Syntypes** 3♂, India: Khasi Hills. (BMNH)

Agathia gaudens: Holloway & Sommerer, 1984: 22.

其他文献（**Reference**）：Yazaki & Wang, 2011: 80.

分布（**Distribution**）：广东（GD）；印度

（9）宝艳青尺蛾 *Agathia gemma* Swinhoe, 1892

Agathia gemma Swinhoe, 1892: 8. **Syntypes** 3♂, India: Khasi Hills. (BMNH)

其他文献（**Reference**）：Han & Xue, 2011b: 543.

分布（**Distribution**）：四川（SC）、云南（YN）；印度、尼泊尔、越南、泰国

（10）半焦艳青尺蛾 *Agathia hemithearia* Guenée, 1858

Agathia hemithearia Guenée, 1858: 381. **Holotype** ♀, India (central). (ZFMK)

别名（**Common name**）：乌云艳青尺蛾

其他文献（**Reference**）：Wang, 1997: 48; Han & Xue, 2011b: 545.

分布（**Distribution**）：浙江（ZJ）、福建（FJ）、台湾（TW）、广东（GD）、广西（GX）、海南（HI）；印度、泰国、斯里兰卡

（11）平艳青尺蛾 *Agathia hilarata* Guenée, 1858

Agathia hilarata Guenée, 1858: 381. **Holotype** ♂, Inde centrale? [central India?]. (ZFMK)

异名（**Synonym**）：

Agathia quinaria Moore, 1868: 639.

Agathia prasina Swinhoe, 1893b: 219.

其他文献（**Reference**）：Han & Xue, 2011b: 546.

分布（**Distribution**）：江西（JX）、湖南（HN）、四川（SC）、广东（GD）、海南（HI）、香港（HK）；印度、越南、马来西亚、印度尼西亚

平艳青尺蛾指名亚种 *Agathia hilarata hilarata* Guenée, 1858

分布（**Distribution**）：江西（JX）、湖南（HN）、四川（SC）、广东（GD）；印度、越南、马来西亚、印度尼西亚

平艳青尺蛾海南亚种 *Agathia hilarata hainanensis* Prout, 1916

Agathia hilarata hainanensis Prout, 1916b: 199. **Holotype** ♂, China: Hainan: Mt. Wuchi. (BMNH)

其他文献（**Reference**）：Han & Xue, 2011b: 547.

分布（**Distribution**）：海南（HI）、香港（HK）

（12）简艳青尺蛾 *Agathia laetata* (Fabricius, 1794)

Phalaena laetata Fabricius, 1794: 164. **Syntype(s)** ♂, India. (ZMUC)

Agathia laetata: Guenée, 1858: 381.

异名（**Synonym**）：

Phalaena zonaria Donovan, 1798: pl. 44.

Agathia catenaria Walker, 1861: 590.

Agathia laetata isogyna Prout, 1916b: 199.

Agathia furcula Matsumura, 1931: 862.

Agathia laetata andamanensis Prout, 1932: 69.

别名（**Common name**）：Y纹艳青尺蛾

其他文献（**Reference**）：Wang, 1997: 45; Han & Xue, 2011b: 548.

分布（**Distribution**）：台湾（TW）、广西（GX）、海南（HI）；日本、印度、泰国、斯里兰卡、马来西亚、文莱、印度尼西亚

（13）止艳青尺蛾 *Agathia laqueifera* Prout, 1912

Agathia laqueifera Prout, 1912: 60. **Holotype** ♀, India: Upper Assam, Digboi. (BMNH)

其他文献（**Reference**）：Han & Xue, 2011b: 550.

分布（**Distribution**）：海南（HI）；印度、马来西亚、新加坡、文莱、印度尼西亚

（14）夹竹桃艳青尺蛾 *Agathia lycaenaria* (Kollar, 1844)

Geometra lycaenaria Kollar, 1844, *In*: Kollar & Redtenbacher, 1844: 486. **Holotype**, India: Himalayas, Massuri [Mussooree].

Agathia lycaenaria: Guenée, 1858: 380.

异名（**Synonym**）：

Geometra albiangularia Herrich-Schäffer, 1855: wrapper.

Agathia discriminata Walker, 1861: 591.

别名（**Common name**）：艳青尺蛾

其他文献（Reference）：Chu, 1981: 119; Wang, 1997: 44; Han & Xue, 2011b: 551.
分布（Distribution）：四川（SC）、福建（FJ）、台湾（TW）、广东（GD）、海南（HI）、香港（HK）；日本、印度、缅甸、菲律宾、澳大利亚

夹竹桃艳青尺蛾指名亚种 *Agathia lycaenaria lycaenaria* (Kollar, 1844)
分布（Distribution）：四川（SC）、福建（FJ）、台湾（TW）、广东（GD）、海南（HI）、香港（HK）；印度、缅甸、菲律宾

（15）巨艳青尺蛾 *Agathia magnificentia* Inoue, 1978
Agathia magnificentia Inoue, 1978: 206. **Holotype** ♂, China: Taiwan: Chiai, Alishan. (BMNH)
别名（Common name）：大艳青尺蛾
其他文献（Reference）：Wang, 1997: 46; Han & Xue, 2011b: 553.
分布（Distribution）：台湾（TW）

（16）丰艳青尺蛾 *Agathia quinaria* Moore, 1868
Agathia quinaria Moore, 1868: 639. **Syntype(s)** ♂, India: Bengal.
异名（Synonym）：
Agathia hilarata latilimes Prout, 1916b: 200.
其他文献（Reference）：Han & Xue, 2011b: 554.
分布（Distribution）：云南（YN）、广西（GX）；印度

（17）美艳青尺蛾 *Agathia siren* Prout, 1932
Agathia quinaria siren Prout, 1932: 70. **Holotype** ♂, China: Tibet: Vrianatong. (BMNH)
其他文献（Reference）：Han & Xue, 2011b: 555.
分布（Distribution）：云南（YN）、西藏（XZ）

（18）焦斑艳青尺蛾 *Agathia visenda* Butler, 1880
Agathia visenda Butler, 1880: 218. **Syntype(s)**, India: Darjeeling. (BMNH)
其他文献（Reference）：Wang, 1997: 47; Han & Xue, 2011b: 556.
分布（Distribution）：山西（SX）、山东（SD）、浙江（ZJ）、江西（JX）、湖南（HN）、四川（SC）、台湾（TW）、广西（GX）；日本、朝鲜半岛、印度

焦斑艳青尺蛾宁波亚种 *Agathia visenda curvifiniens* Prout, 1917
Agathia curvifiniens Prout, 1917a: 112. **Holotype** ♂, China: Zhejiang: Ningbo. (BMNH)
其他文献（Reference）：Chu, 1981: 119; Inoue, 1986a: 47.
分布（Distribution）：山西（SX）、山东（SD）、浙江（ZJ）、江西（JX）、湖南（HN）、台湾（TW）；日本、朝鲜半岛

4. 麻青尺蛾属 *Aoshakuna* Matsumura, 1925

Aoshakuna Matsumura, 1925: 156. **Type species**: *Aoshakuna sachalinensis* Matsumura, 1925.
异名（Synonym）：
Nipponogelasma Inoue, 1946: 1.

（19）仿麻青尺蛾 *Aoshakuna chlorissodes* (Prout, 1912)
Microloxia chlorissodes Prout, 1912: 201. **Holotype** ♂, China: Hong Kong: Happy Valley. (BMNH)
Nipponogelasma chlorissodes: Inoue, 1971: 145.
Aoshakuna chlorissodes: Beljaev, 2007: 57.
别名（Common name）：小翠尺蛾
其他文献（Reference）：Prout, 1933: 117; Wang, 1997: 100; Han & Xue, 2011b: 481.
分布（Distribution）：山东（SD）、浙江（ZJ）、台湾（TW）、海南（HI）、香港（HK）

5. 绿荷尺蛾属 *Aporandria* Warren, 1894

Aporandria Warren, 1894a: 385. **Type species**: *Geometra specularia* Guenée, 1858.

（20）绿荷尺蛾 *Aporandria specularia* (Guenée, 1858)
Geometra specularia Guenée, 1858: 342. **Holotype** ♂, India (central). (BMNH)
Aporandria specularia: Warren, 1894a: 385.
别名（Common name）：尖额青尺蛾
其他文献（Reference）：Chu, 1981: 119; Han & Xue, 2011b: 336.
分布（Distribution）：云南（YN）、海南（HI）；印度、不

丹、越南、泰国、柬埔寨、斯里兰卡、菲律宾、马来西亚、新加坡、文莱、印度尼西亚

6. 灰黄尺蛾属 *Aracima* Butler, 1878

Aracima Butler, 1878b: 50. **Type species:** *Aracima muscosa* Butler, 1878.

（21）单线灰黄尺蛾 *Aracima serrata* Wileman, 1911

Aracima serrata Wileman, 1911a: 271. **Holotype** ♀, China: Formosa [Taiwan]: Rantaizan. (BMNH)
其他文献（Reference）：Wang, 1997: 53; Han & Xue, 2011b: 249.
分布（Distribution）：台湾（TW）

7. 银绿尺蛾属 *Argyrocosma* Turner, 1910

Argyrocosma Turner, 1910: 562 (key), 609. **Type species:** *Euchloris argosticta* Turner, 1904.
其他文献（Reference）：Han, Galsworthy & Xue, 2012: 764.

（22）银绿尺蛾 *Argyrocosma inductaria* (Guenée, 1858)

Phodoresma inductaria Guenée, 1858: 370. **Holotype** ♀, Malaysia: Borneo: Sarawak. (BMNH)
Argyrocosma inductaria: Holloway, 1996: 247.
异名（Synonym）：
Eucrostis smaragdus Hampson, 1891: 28, 110.
别名（Common name）：白斑绿尺蛾
其他文献（Reference）：Wang, 1997: 65; Han & Xue, 2011b: 304.
分布（Distribution）：云南（YN）、台湾（TW）、海南（HI）；印度、尼泊尔、缅甸、斯里兰卡、菲律宾、马来西亚、印度尼西亚

8. 丽斑尺蛾属 *Berta* Walker, 1863

Berta Walker, 1863: 1621. **Type species:** *Berta chrysolineata* Walker, 1863.

（23）突尾丽斑尺蛾 *Berta annulifera* (Warren, 1896)

Iodis [*Jodis*] *annulifera* Warren, 1896a: 107. **Syntypes** ♂, India: Khasi Hills. (BMNH)
其他文献（Reference）：Han & Xue, 2011b: 340.
别名（Common name）：突尾尺蛾
分布（Distribution）：四川（SC）、云南（YN）；印度、马来西亚、新加坡、文莱

（24）峰丽斑尺蛾 *Berta apopempta* Prout, 1935

Berta apopempta Prout, 1935: 21. **Holotype** ♂, China: Szechuan [Sichuan]: Kwanhsien. (BMNH)
其他文献（Reference）：Han & Xue, 2011b: 342.
分布（Distribution）：四川（SC）、云南（YN）

（25）丽斑尺蛾 *Berta chrysolineata* Walker, 1863

Berta chrysolineata Walker, 1863: 1621. **Syntypes** 1♂1♀, Ceylon [Sri Lanka]; India: Canara [Kanara]. (BMNH)
异名（Synonym）：
Berta fenestrata Prout, 1913b: 439.
其他文献（Reference）：Han & Xue, 2011b: 342.
分布（Distribution）：东洋界至澳大利亚热带

丽斑尺蛾海南亚种 *Berta chrysolineata hainanensis* Prout, 1934

Berta chrysolineata hainanensis Prout, 1934: 127. **Syntypes** 2♂, China: Hainan: Porten. (BMNH)
其他文献（Reference）：Han & Xue, 2011b: 343.
分布（Distribution）：云南（YN）、广东（GD）、海南（HI）；印度、印度尼西亚

（26）花丽斑尺蛾 *Berta digitijuxta* Holloway, 1996

Berta digitijuxta Holloway, 1996: 288. **Holotype** ♂, Indonesia: Java occident [west]: Mons Tjikorai. (BMNH)
其他文献（Reference）：Han & Xue, 2011b: 344.

分布（Distribution）：四川（SC）；马来西亚、印度尼西亚（爪哇岛、巴厘岛）

（27）圆丽斑尺蛾 *Berta poppaea* Prout, 1917
Berta poppaea Prout, 1917b: 302. **Holotype** ♂, China: Mt Wuchi. (BMNH)
其他文献（Reference）：Han & Xue, 2011b: 344.
分布（Distribution）：海南（HI）

（28）纹丽斑尺蛾 *Berta rugosivalva* Galsworthy, 1997
Berta rugosivalva Galsworthy, 1997: 130. **Holotype** ♂, China: Hong Kong. (BMNH)
其他文献（Reference）：Han & Xue, 2011b: 345.
分布（Distribution）：台湾（TW）、香港（HK）；印度、缅甸、马来西亚

（29）弓丽斑尺蛾 *Berta zygophyxia* Prout, 1912
Berta chrysolineata zygophyxia Prout, 1912: 234. **Lectotype** ♀, Singapore. (BMNH)
别名（Common name）：雪花双尾尺蛾
其他文献（Reference）：Wang, 1997: 84; Han & Xue, 2011b: 346.
分布（Distribution）：台湾（TW）；斯里兰卡、马来西亚、新加坡、印度尼西亚、巴布亚新几内亚

弓丽斑尺蛾指名亚种 *Berta zygophyxia zygophyxia* Prout, 1912
分布（Distribution）：台湾（TW）；斯里兰卡、马来西亚、新加坡、印度尼西亚

9. 双弓尺蛾属 *Calleremites* Warren, 1894

Calleremites Warren, 1894a: 384. **Type species**: *Calleremites subornata* Warren, 1894.
其他文献（Reference）：Pitkin, Han & James, 2007: 367.

（30）双弓尺蛾 *Calleremites subornata* Warren, 1894
Calleremites subornata Warren, 1894a: 385. **Holotype** ♂, India: Sikkim. (BMNH)
其他文献（Reference）：Han & Xue, 2011b: 82.
分布（Distribution）：云南（YN）；印度（锡金）

10. 仿锈腰尺蛾属 *Chlorissa* Stephens, 1831

Chlorissa Stephens, 1831: 315. **Type species**: *Phalaena viridata* Linnaeus, 1758.
异名（Synonym）：
Aoshakuna Matsumura, 1925: 156.

（31）迷仿锈腰尺蛾 *Chlorissa amphitritaria* (Oberthür, 1879)
Nemoria amphitritaria Oberthür, 1879: 8. **Syntype(s)**, Russia: Askold Island.
Chlorissa amphitritaria: Prout, 1913c: 25.
异名（Synonym）：
Hemithea mali Matsumura, 1917: 625.
其他文献（Reference）：Prout, 1912: 171; Han & Xue, 2011b: 349.
分布（Distribution）：河南（HEN）、江西（JX）、福建（FJ）、广西（GX）；俄罗斯、日本

（32）安仿锈腰尺蛾 *Chlorissa anadema* (Prout, 1930)
Hemithea anadema Prout, 1930b: 294. **Holotype** ♂, Japan: Takao-San. (BMNH)
Chlorissa anadema: Prout, 1935: 15.
异名（Synonym）：
Chlorissa tyro Prout, 1935: 15.
其他文献（Reference）：Han & Xue, 2011b: 350.
分布（Distribution）：山东（SD）、上海（SH）、浙江（ZJ）、四川（SC）；俄罗斯（东南部）、日本、朝鲜半岛

（33）翠仿锈腰尺蛾 *Chlorissa aquamarina* (Hampson, 1895)
Hemithea aquamarina Hampson, 1895b: 491. **Syntype(s)**, India: Dharmsala; Khásis. (BMNH)
Chlorissa aquamarina: Holloway, 1996: 282.
别名（Common name）：嘎壳尺蛾
其他文献（Reference）：Wang, 1997: 103; Han & Xue, 2011b: 351; Yazaki & Wang, 2011: 82.
分布（Distribution）：湖南（HN）、云南（YN）、西藏（XZ）、台湾（TW）、广东（GD）、海南（HI）；印度、马来西亚（沙捞越）、文莱

(34) 隐仿锈腰尺蛾 *Chlorissa arcana* Yazaki, 1993

Chlorissa arcana Yazaki, 1993: 104. **Holotype** ♀, China: Taiwan: Taitung, Kuanshan Yakou. (NSMT)

其他文献（Reference）：Han & Xue, 2011b: 351.

分布（Distribution）：台湾（TW）

(35) 黄边仿锈腰尺蛾 *Chlorissa distinctaria* (Walker, 1866)

Thalassodes distinctaria Walker, 1866: 1607. **Holotype** ♂, North Hindostan [India]. (BMNH)

Chlorissa distinctaria: Prout, 1935: 15.

异名（Synonym）：

Hemithea rubrifrons Warren, 1894a: 393.

别名（Common name）：青仿锈腰青尺蛾、黄边仿锈腰青尺蛾

其他文献（Reference）：Prout, 1912: 171; Wang, 1997: 104; Han & Xue, 2011b: 352.

分布（Distribution）：甘肃（GS）、湖南（HN）、四川（SC）、云南（YN）、西藏（XZ）、广西（GX）；印度、不丹、尼泊尔

黄边仿锈腰尺蛾指名亚种 *Chlorissa distinctaria distinctaria* (Walker, 1866)

分布（Distribution）：甘肃（GS）、湖南（HN）、四川（SC）、云南（YN）、西藏（XZ）、广西（GX）；印度、不丹、尼泊尔

(36) 藏仿锈腰尺蛾 *Chlorissa gelida* (Butler, 1889)

Nemoria gelida Butler, 1889: 21, 104. **Syntypes** 1♂2♀, India: Kangra district, Dharmsala. (BMNH)

Chlorissa gelida: Prout, 1935: 15.

异名（Synonym）：

Hemithea anomala Warren, 1896a: 106.

别名（Common name）：藏仿锈腰青尺蛾

其他文献（Reference）：Chu, 1981: 119; Han & Xue, 2011b: 354.

分布（Distribution）：湖南（HN）、西藏（XZ）；印度、巴基斯坦

(37) 遗仿锈腰尺蛾 *Chlorissa obliterata* (Walker, 1863)

Nemoria obliterata Walker, 1863: 1558. **Holotype** ♀, China: Shanghai. (BMNH)

Chlorissa obliterata: Prout, 1912: 174.

别名（Common name）：仿锈腰青尺蛾、薄绿尺蛾

其他文献（Reference）：Chu, 1981: 119; Han & Xue, 2011b: 355.

分布（Distribution）：黑龙江（HL）、河北（HEB）、北京（BJ）、山西（SX）、山东（SD）、河南（HEN）、甘肃（GS）、江苏（JS）、上海（SH）、浙江（ZJ）、湖南（HN）、四川（SC）、福建（FJ）；俄罗斯、日本、朝鲜半岛

(38) 单仿锈腰尺蛾 *Chlorissa unilinearia* (Leech, 1897)

Hemithea unilinearia Leech, 1897: 232. **Holotype** ♂, China: Sichuan: Pu-tsu-fong.

Chlorissa unilinearia: Scoble, 1999: 140.

其他文献（Reference）：Han & Xue, 2011b: 357.

分布（Distribution）：四川（SC）

(39) 绿仿锈腰尺蛾 *Chlorissa viridata* (Linnaeus, 1758)

Phalaena (Geometra) viridata Linnaeus, 1758: 523. **Syntype(s)**, Sweden. (LSL)

Chlorissa viridata: Prout, 1912: 173.

异名（Synonym）：

Phalaena volutata Fabricius, 1775: 635.

Phalaena syrene Fourcroy, 1785: 286.

Phalaena (Geometra) sirene Villers, 1789: 380.

其他文献（Reference）：Staudinger, 1901: 263; Han & Xue, 2011b: 357.

分布（Distribution）：新疆（XJ）；俄罗斯、安纳托利亚、中亚、欧洲

绿仿锈腰尺蛾指名亚种 *Chlorissa viridata viridata* (Linnaeus, 1758)

分布（Distribution）：新疆（XJ）；安纳托利亚；欧洲

11. 玫绿尺蛾属 *Chlorochromodes* Warren, 1896

Chlorochromodes Warren, 1896a: 103. **Type species**: *Chlorochromodes tenera* Warren, 1896.

异名（Synonym）：

Comostolodes Warren, 1896c: 308.

Hercoloxia Prout, 1916a: 12.

其他文献（Reference）：Han, Galsworthy & Xue, 2012: 762.

(40) 玫绿尺蛾 *Chlorochromodes rhodocraspeda* Han, Galsworthy et Xue, 2012

Chlorochromodes rhodocraspeda Han, Galsworthy et Xue, 2012: 763. **Holotype** ♂, China: Sichuan: Siao-Loû. (ZFMK)

分布（Distribution）：四川（SC）、西藏（XZ）

12. 四眼绿尺蛾属 *Chlorodontopera* Warren, 1893

Chlorodontopera Warren, 1893: 351. **Type species:** *Odontoptera chalybeata* Moore, 1872.

（41）钢四眼绿尺蛾 *Chlorodontopera chalybeata* (Moore, 1872)

Odontoptera chalybeata Moore, 1872: 580. **Syntype(s)**, India (north).
Chlorodontopera chalybeata: Warren, 1893: 352.
其他文献（Reference）：Han & Xue, 2011b: 251.
分布（Distribution）：广西（GX）、海南（HI）；印度、喜马拉雅山脉（东北部）（国外部分）、缅甸、越南、马来西亚（沙捞越）、加里曼丹岛、印度尼西亚（苏门答腊岛）

（42）四眼绿尺蛾 *Chlorodontopera discospilata* (Moore, 1868)

Odontoptera discospilata Moore, 1868: 621. **Syntypes** ♂♀, India: Bengal. (BMNH)
Chlorodontopera discospilata: Swinhoe, 1900: 388.
异名（Synonym）：
Chlorodontopera discospilota Swinhoe, 1894a: 171.
Chlorodontopera discopilata Hampson, 1895b: 482.
其他文献（Reference）：Wang, 1997: 51; Chu, 1981: 119; Han & Xue, 2011b: 253; Yazaki & Wang, 2011: 80.
分布（Distribution）：湖南（HN）、云南（YN）、福建（FJ）、台湾（TW）、广东（GD）、海南（HI）；印度、尼泊尔、缅甸

（43）中国四眼绿尺蛾 *Chlorodontopera mandarinata* (Leech, 1889)

Odontoptera mandarinata Leech, 1889: 141. **Holotype** ♀, China: Yangzee River, Kiukiang. (BMNH)
Chlorodontopera mandarinata: Leech, 1897: 231.
其他文献（Reference）：Chu, 1981: 119; Han & Xue, 2011b: 254.
分布（Distribution）：浙江（ZJ）、江西（JX）、湖南（HN）、四川（SC）、重庆（CQ）、广西（GX）

（44）台湾四眼绿尺蛾 *Chlorodontopera taiwana* (Wileman, 1911)

Episothalma taiwana Wileman, 1911a: 297. **Syntypes** 1♂1♀, China: Formosa [Taiwan]: Kanshirei. (BMNH)
Chlorodontopera taiwana: Prout, 1912: 250.
其他文献（Reference）：Wang, 1997: 52; Han & Xue, 2011b: 255.
分布（Distribution）：台湾（TW）、广东（GD）

13. 绿雕尺蛾属 *Chloroglyphica* Warren, 1894

Chloroglyphica Warren, 1894a: 387. **Type species:** *Loxochila variegata* Butler, 1889.

（45）绿雕尺蛾 *Chloroglyphica glaucochrista* (Prout, 1916)

Hipparchus (*Chloroglyphica*) *glaucochrista* Prout, 1916a: 12. **Holotype** ♂, China: Tibet: Vrianatong. (BMNH)
Chloroglyphica glaucochrista: Yazaki, 1992: 10.
异名（Synonym）：
Hipparchus grearia Oberthür, 1916: 120.
其他文献（Reference）：Han & Xue, 2011b: 240; Yazaki & Wang, 2011: 77.
分布（Distribution）：陕西（SN）、甘肃（GS）、湖北（HB）、四川（SC）、云南（YN）、西藏（XZ）、广东（GD）

14. 瓷尺蛾属 *Chlororithra* Butler, 1889

Chlororithra Butler, 1889: 22, 106. **Type species:** *Chlororithra fea* Butler, 1889.
其他文献（Reference）：Han, Li & Xue, 2006: 30.

（46）瓷尺蛾 *Chlororithra fea* Butler, 1889

Chlororithra fea Butler, 1889: 22, 106. **Lectotype** ♂, India: Kangra district, Dharmsala. (BMNH)

其他文献（**Reference**）：Han, Li & Xue, 2006: 36; Han & Xue, 2011b: 559.
分布（**Distribution**）：甘肃（GS）、四川（SC）、云南（YN）、西藏（XZ）；印度、不丹、尼泊尔、巴基斯坦、缅甸

(47) 堇瓷尺蛾 *Chlororithra missioniaria* Oberthür, 1916

Chlororithra fea var. *missioniaria* Oberthür, 1916: 116.

Lectotype ♂, China: Yunnan: Tsekou. (ZFMK)
其他文献（**Reference**）：Han, Li & Xue, 2006: 31; Han & Xue, 2011b: 561.
分布（**Distribution**）：北京（BJ）、河南（HEN）、云南（YN）

15. 绿镰尺蛾属 *Chlorozancla* Prout, 1912

Chlorozancla Prout, 1912: 11 (key), 69. **Type species:** *Tanaorhinus falcatus* Hampson, 1895.

(48) 绿镰尺蛾 *Chlorozancla falcatus* (Hampson, 1895)

Tanaorhinus falcatus Hampson, 1895b: 494. **Syntype(s)**, India: Sikkim. (BMNH)
Chlorozancla falcatus: Prout, 1933: 77.
其他文献（**Reference**）：Han & Xue, 2011b: 242.
分布（**Distribution**）：云南（YN）、海南（HI）；印度（锡金、孟买、特拉凡尔哥）、越南

16. 绿尺蛾属 *Comibaena* Hübner, 1823

Comibaena Hübner, 1823: 284. **Type species:** *Geometra bajularia* Denis et Schiffermüller, 1775.
异名（**Synonym**）：
Phorodesma Boisduval, 1840: 179.
Comobaena Agassiz, 1847: 276.
Uliocnemis Warren, 1893: 355.
Colutoceras Warren, 1895: 88.
Myrtea Gumppenberg, 1895: 477, 478.
Proboloscees Meyrick, 1897: 73.
Chlorochaeta Warren, 1904: 464.
其他文献（**Reference**）：Han & Xue, 2011b: 267; Han, Galsworthy & Xue, 2012: 726.

(49) 顶绿尺蛾 *Comibaena apicipicta* Prout, 1912

Comibaena apicipicta Prout, 1912: 101. **Holotype** ♂, China: Tibet: Yatung. (BMNH)
其他文献（**Reference**）：Han & Xue, 2011b: 271; Han, Galsworthy & Xue, 2012: 742.
分布（**Distribution**）：云南（YN）、西藏（XZ）、福建（FJ）

(50) 长纹绿尺蛾 *Comibaena argentataria* (Leech, 1897)

Euchloris argentataria Leech, 1897: 237. **Syntypes** ♂♀, Corea [Korea]: Gensan; Japan: island of Kiushiu, Hakone; China (central): Chang-yang. (BMNH)
Comibaena argentataria: Prout, 1913c: 20.
别名（**Common name**）：白角斑绿尺蛾
其他文献（**Reference**）：Chu, 1981: 121; Wang, 1997: 67; Han & Xue, 2011b: 272; Han, Galsworthy & Xue, 2012: 750.
分布（**Distribution**）：浙江（ZJ）、江西（JX）、湖南（HN）、湖北（HB）、四川（SC）、福建（FJ）、台湾（TW）、广东（GD）、广西（GX）；日本、朝鲜半岛

(51) 尖绿尺蛾 *Comibaena attenuata* (Warren, 1896)

Proboloscees attenuata Warren, 1896d: 369. **Holotype** ♂, Malaysia: Borneo: North Borneo, Mt. Mulu. (BMNH)
Comibaena attenuata: Holloway, 1976: 61.
其他文献（**Reference**）：Han & Xue, 2011b: 273; Han, Galsworthy & Xue, 2012: 735.
分布（**Distribution**）：云南（YN）、海南（HI）；柬埔寨、菲律宾、马来西亚（沙巴）、新加坡、文莱、印度尼西亚（爪哇岛、苏门答腊岛、苏拉威西岛）

尖绿尺蛾指名亚种 *Comibaena attenuata attenuata* (Warren, 1896)

分布（**Distribution**）：云南（YN）、海南（HI）；柬埔寨、菲律宾、马来西亚（沙巴）、新加坡、文莱、印度尼西亚（爪哇岛、苏门答腊岛、苏拉威西岛）

(52) 黄斑绿尺蛾 *Comibaena auromaculata* Han, Galsworthy et Xue, 2012

Comibaena auromaculata Han, Galsworthy et Xue, 2012: 747.

Holotype ♂, China: Yunnan: Lijiang, Mountain Vivarium. (IZCAS)
分布（Distribution）：云南（YN）

（53）俏绿尺蛾 *Comibaena bellula* Han, Galsworthy *et* Xue, 2012
Comibaena bellula Han, Galsworthy *et* Xue, 2012: 746.
Holotype ♂, China: Yunnan: Lijiang, Mountain Vivarium. (IZCAS)
分布（Distribution）：云南（YN）

（54）大斑绿尺蛾 *Comibaena biplaga* Walker, 1861
Comibaena biplaga Walker, 1861: 577. **Syntype(s)**, Malaysia: Borneo: Sarawak. (OUM)
其他文献（Reference）：Han & Xue, 2011b: 275; Han, Galsworthy & Xue, 2012: 742.
分布（Distribution）：西藏（XZ）、广西（GX）、海南（HI）；印度、越南、马来西亚、印度尼西亚

（55）直线绿尺蛾 *Comibaena birectilinea* Han, Galsworthy *et* Xue, 2012
Comibaena birectilinea Han, Galsworthy *et* Xue, 2012: 754.
Holotype ♂, China: Tibet: Jomda. (IZCAS)
分布（Distribution）：四川（SC）、西藏（XZ）

（56）盔绿尺蛾 *Comibaena cassidara* (Guenée, 1858)
Phodoresma cassidara Guenée, 1858: 370. **Syntypes** 1♂1♀, Inde centrale [central India]. (BMNH)
Comibaena cassidara: Holloway, 1976: 61.
异名（Synonym）：
Geometra detenta Walker, 1861: 518.
Geometra discessa Walker, 1861: 521.
别名（Common name）：四褐斑绿尺蛾
其他文献（Reference）：Wang, 1997: 68; Han & Xue, 2011b: 276; Han, Galsworthy & Xue, 2012: 735.
分布（Distribution）：云南（YN）、福建（FJ）、台湾（TW）、海南（HI）；印度、尼泊尔、巴基斯坦、泰国、斯里兰卡、菲律宾、马来西亚、新加坡、印度尼西亚

（57）新绿尺蛾 *Comibaena cenocraspis* Prout, 1926
Comibaena cenocraspis Prout, 1926: 133. **Syntypes** 7♂, Upper Burma: Hparé. (BMNH)
其他文献（Reference）：Han & Xue, 2011b: 278; Han, Galsworthy & Xue, 2012: 753.
分布（Distribution）：四川（SC）、云南（YN）；印度、缅甸

（58）丽绿尺蛾 *Comibaena decora* Han, Galsworthy *et* Xue, 2012
Comibaena decora Han, Galsworthy *et* Xue, 2012: 747.
Holotype ♂, China: Henan: Nanyang, Baotianman. (IZCAS)
分布（Distribution）：河南（HEN）、甘肃（GS）、四川（SC）

（59）柔绿尺蛾 *Comibaena delineata* (Warren, 1893)
Uliocnemis delineata Warren, 1893: 356. **Syntypes** ♂♀, India: Sikkim. (BMNH)
Comibaena delineata: Prout, 1912: 20.
其他文献（Reference）：Hampson, 1895b: 497; Han & Xue, 2011b: 279; Han, Galsworthy & Xue, 2012: 743.
分布（Distribution）：西藏（XZ）；印度（锡金）、不丹

（60）双线绿尺蛾 *Comibaena dubernardi* (Oberthür, 1916)
Phorodesma dubernardi Oberthür, 1916: 114. **Syntypes** ♂, China: Yunnan: Tse-kou. (ZFMK)
Comibaena dubernardi: Prout, 1933: 92.
异名（Synonym）：
Comibaena rectilineata Sterneck, 1927: 13.
其他文献（Reference）：Han & Xue, 2011b: 280; Han, Galsworthy & Xue, 2012: 743.
分布（Distribution）：云南（YN）

（61）黄点绿尺蛾 *Comibaena flavicans* Inoue, 1982
Comibaena flavicans Inoue, 1982a: 132. **Holotype** ♂, Nepal (central): Kalbani, Kaligandaki. (BMNH)
其他文献（Reference）：Han & Xue, 2011b: 281; Han, Galsworthy & Xue, 2012: 743.
分布（Distribution）：西藏（XZ）；尼泊尔

（62）暗绿尺蛾 *Comibaena fuscidorsata* Prout, 1912
Comibaena quadrinotata fuscidorsata Prout, 1912: 101. **Holotype** ♂, India: Assam, Khasi Hills. (BMNH)
Comibaena fuscidorsata: Holloway, 1996: 243.
其他文献（Reference）：Han & Xue, 2011b: 282; Han, Galsworthy & Xue, 2012: 728.
分布（Distribution）：云南（YN）、台湾（TW）、海南（HI）；印度

（63）弱绿尺蛾 *Comibaena hypolampes* Prout, 1918
Comibaena hypolampes Prout, 1918: 19. **Syntype(s)** ♂, China: Tibet: Vrianatong. (BMNH)
其他文献（Reference）：Han & Xue, 2011b: 283; Han, Galsworthy & Xue, 2012: 754.
分布（Distribution）：云南（YN）、西藏（XZ）

（64）宽线绿尺蛾 *Comibaena latilinea* Prout, 1912
Comibaena latilinea Prout, 1912: 101. **Holotype** ♂, China: Sichuan: Pu-tsu-fong. (BMNH)
其他文献（Reference）：Han & Xue, 2011b: 284; Han, Galsworthy & Xue, 2012: 754.

分布（Distribution）：四川（SC）

(65) 紫斑绿尺蛾 *Comibaena nigromacularia* (Leech, 1897)

Euchloris nigromacularia Leech, 1897: 237. **Syntypes** 2♀, China (west): Chow-pin-sa; Japan: Yokohama. (BMNH)
Comibaena nigromacularia: Prout, 1912: 100.
异名（Synonym）：
Uliocnemis delicatior Warren, 1897c: 391.
Phorodesma eurynomaria Oberthür, 1916: 106.
其他文献（Reference）：Inoue, 1961: 73; Han & Xue, 2011b: 284; Han, Galsworthy & Xue, 2012: 751.
分布（Distribution）：黑龙江（HL）、北京（BJ）、河南（HEN）、陕西（SN）、甘肃（GS）、安徽（AH）、浙江（ZJ）、江西（JX）、湖南（HN）、湖北（HB）、四川（SC）、云南（YN）、福建（FJ）、台湾（TW）、广东（GD）、广西（GX）；俄罗斯、日本、朝鲜半岛

(66) 饰纹绿尺蛾 *Comibaena ornataria* (Leech, 1897)

Euchloris ornataria Leech, 1897: 238. **Syntypes** 6♂, China: Sichuan: Pu-tsu-fong. (BMNH)
Comibaena ornataria: Prout, 1912: 100.
其他文献（Reference）：Han & Xue, 2011b: 287; Han, Galsworthy & Xue, 2012: 744.
分布（Distribution）：四川（SC）、云南（YN）

(67) 类饰纹绿尺蛾 *Comibaena parornataria* Han, Galsworthy *et* Xue, 2012

Comibaena parornataria Han, Galsworthy *et* Xue, 2012: 745. **Holotype** ♂, China: Tibet: Nyingchi, Bayi. (IZCAS)
分布（Distribution）：西藏（XZ）

(68) 云纹绿尺蛾 *Comibaena pictipennis* Butler, 1880

Comibaena pictipennis Butler, 1880: 215. **Syntype(s)**, India: Darjeeling. (BMNH)
异名（Synonym）：
Phorodesma superornataria Oberthür, 1916: 104.
别名（Common name）：大褐斑绿尺蛾
其他文献（Reference）：Hampson, 1895b: 496; Prout, 1933: 93; Chu, 1981: 121; Wang, 1997: 66; Han & Xue, 2011b: 288; Han, Galsworthy & Xue, 2012: 744.
分布（Distribution）：湖南（HN）、四川（SC）、云南（YN）、西藏（XZ）、台湾（TW）；印度、不丹、尼泊尔、克什米尔地区

(69) 肾纹绿尺蛾 *Comibaena procumbaria* (Pryer, 1877)

Euchloris procumbaria Pryer, 1877: 232. **Syntype(s)**, China: Shanghai. (BMNH)
Comibaena procumbaria: Prout, 1913c: 20.
异名（Synonym）：
Comibaena vaga Butler, 1881a: 410.
别名（Common name）：珠链绿尺蛾、白肾纹绿尺蛾
其他文献（Reference）：Wang, 1997: 70; Chu, 1981: 121; Han & Xue, 2011b: 290; Han, Galsworthy & Xue, 2012: 752.
分布（Distribution）：河北（HEB）、北京（BJ）、山西（SX）、山东（SD）、河南（HEN）、甘肃（GS）、上海（SH）、浙江（ZJ）、江西（JX）、湖南（HN）、湖北（HB）、四川（SC）、云南（YN）、福建（FJ）、台湾（TW）、广东（GD）、广西（GX）、香港（HK）；日本、朝鲜半岛

(70) 栎绿尺蛾 *Comibaena quadrinotata* Butler, 1889

Comibaena quadrinotata Butler, 1889: 22. **Syntype(s)**, India: Kangra district, Dharmsala. (BMNH)
其他文献（Reference）：Hampson, 1895b: 503; Han & Xue, 2011b: 292; Han, Galsworthy & Xue, 2012: 728.
分布（Distribution）：河南（HEN）、江苏（JS）、浙江（ZJ）、湖南（HN）、湖北（HB）、四川（SC）、福建（FJ）、台湾（TW）、广西（GX）、海南（HI）；日本、印度（北部）、喜马拉雅山脉（东北部）（国外部分）、越南、斯里兰卡、马来西亚、印度尼西亚（爪哇岛、苏门答腊岛、苏拉威西岛）

(71) 申氏绿尺蛾 *Comibaena sheni* Han, Galsworthy *et* Xue, 2012

Comibaena sheni Han, Galsworthy *et* Xue, 2012: 749. **Holotype** ♂, China: Henan: Songxian, Baiyunshan (IZCAS)
分布（Distribution）：山西（SX）、河南（HEN）

(72) 亚长纹绿尺蛾 *Comibaena signifera* (Warren, 1893)

Uliocnemis? signifera Warren, 1893: 357. **Syntype(s)** ♀, Burma: Momeit. (BMNH)
Comibaena signifera: Prout, 1933: 93.
其他文献（Reference）：Prout, 1912: 228; Han & Xue, 2011b: 293; Han, Galsworthy & Xue, 2012: 750.
分布（Distribution）：浙江（ZJ）、四川（SC）、云南（YN）、西藏（XZ）、福建（FJ）、广西（GX）；缅甸

亚长纹绿尺蛾中国亚种 *Comibaena signifera subargentaria* (Oberthür, 1916)

Phorodesma subargentaria Oberthür, 1916: 105. **Syntypes** 4♂, China: Oriental frontier of Tibet. (ZFMK)
Comibaena signifera subargentaria: Prout, 1933: 93.
其他文献（Reference）：Prout, 1935: 12.
分布（Distribution）：浙江（ZJ）、四川（SC）、云南（YN）、

福建（FJ）、广西（GX）

（73）洁绿尺蛾 *Comibaena striataria* (Leech, 1897)
Euchloris striataria Leech, 1897: 239. **Holotype** ♀, China, (western): Che-tou. (BMNH)
Comibaena striataria: Prout, 1913c: 20.
其他文献（**Reference**）：Han & Xue, 2011b: 295; Han, Galsworthy & Xue, 2012: 743.
分布（**Distribution**）：陕西（SN）、四川（SC）、云南（YN）

（74）黑角绿尺蛾 *Comibaena subdelicata* Inoue, 1986
Comibaena subdelicata Inoue, 1986a: 52. **Holotype** ♂, Japan: Yakushima, Nagata. (BMNH)
别名（**Common name**）：素绿尺蛾
其他文献（**Reference**）：Wang, 1997: 63; Han & Xue, 2011b: 295; Han, Galsworthy & Xue, 2012: 752; Yazaki & Wang, 2011: 81.
分布（**Distribution**）：浙江（ZJ）、江西（JX）、四川（SC）、福建（FJ）、台湾（TW）、广东（GD）；日本、朝鲜半岛

（75）亚肾纹绿尺蛾 *Comibaena subprocumbaria* (Oberthür, 1916)
Phorodesma subprocumbaria Oberthür, 1916: 103. **Syntype(s)**, China: Siao-lou. (ZFMK)
Comibaena subprocumbaria: Prout, 1933: 93.
其他文献（**Reference**）：Han & Xue, 2011b: 298; Han, Galsworthy & Xue, 2012: 753.
分布（**Distribution**）：河北（HEB）、北京（BJ）、河南（HEN）、甘肃（GS）、江苏（JS）、浙江（ZJ）、江西（JX）、湖南（HN）、湖北（HB）、四川（SC）、云南（YN）、西藏（XZ）、福建（FJ）、广西（GX）、海南（HI）

（76）淋绿尺蛾 *Comibaena swanni* Prout, 1926
Comibaena swanni Prout, 1926: 132. **Holotype** ♂, Burma (upper): Htawgaw. (BMNH)
其他文献（**Reference**）：Han & Xue, 2011b: 299; Han, Galsworthy & Xue, 2012: 754.

分布（**Distribution**）：四川（SC）、云南（YN）、福建（FJ）、广西（GX）；缅甸

（77）隐角斑绿尺蛾 *Comibaena takasago* Okano, 1960
Comibaena takasago Okano, 1960: 9. **Holotype** ♂, China: Formosa [Taiwan] (central): Nantow-hsien, Jen-ai-hsiang. (BMNH)
其他文献（**Reference**）：Wang, 1997: 69; Han & Xue, 2011b: 300; Han, Galsworthy & Xue, 2012: 751.
分布（**Distribution**）：河南（HEN）、湖南（HN）、台湾（TW）

（78）双弧绿尺蛾 *Comibaena tancrei* (Graeser, 1890)
Phorodesma tancrei Graeser, 1890a: 264. **Syntypes** 1♂1♀, Russia: Ussuri.
Comibaena tancrei: Prout, 1913c: 20.
其他文献（**Reference**）：Staudinger, 1901: 262; Han & Xue, 2011b: 301; Han, Galsworthy & Xue, 2012: 749.
分布（**Distribution**）：黑龙江（HL）、吉林（JL）、内蒙古（NM）、河南（HEN）；朝鲜半岛、俄罗斯（阿穆尔、乌苏里地区）

（79）平纹绿尺蛾 *Comibaena tenuisaria* (Graeser, 1889)
Phorodesma tenuisaria Graeser, 1889: 385. **Holotype** ♂, Russia: Amurlandes, Vladivostok.
Comibaena tenuisaria: Prout, 1912: 99.
其他文献（**Reference**）：Staudinger, 1901: 262; Han & Xue, 2011b: 302; Han, Galsworthy & Xue, 2012: 753.
分布（**Distribution**）：山西（SX）、河南（HEN）、陕西（SN）、甘肃（GS）、安徽（AH）、江苏（JS）、福建（FJ）；朝鲜半岛、俄罗斯（阿穆尔、乌苏里地区）

（80）藏绿尺蛾 *Comibaena tibetensis* Han, Galsworthy *et* Xue, 2012
Comibaena tibetensis Han, Galsworthy *et* Xue, 2012: 748. **Holotype** ♂, China: Tibet: Nyingchi, Bayi. (IZCAS)
分布（**Distribution**）：西藏（XZ）

17. 亚四目绿尺蛾属 *Comostola* Meyrick, 1888

Comostola Meyrick, 1888: 836, 869. **Type species**: *Eucrostis perlepidaria* Walker, 1866 (=*Iodis laesaria* Walker, 1861)
异名（**Synonym**）：
Pyrrhorachis Warren, 1896b: 292.
Leucodesmia Warren, 1899: 25.
Chloeres Turner, 1910: 570.

（81）忆亚四目绿尺蛾 *Comostola cedilla* Prout, 1917
Comostola cedilla Prout, 1917b: 304. **Holotype** ♂, British New Guinea [Papua New Guinea]: Upper Aroa River. (BMNH)
其他文献（**Reference**）：Han & Xue, 2011b: 361; Fu, Wu & Shih, 2013: 143.
分布（**Distribution**）：台湾（TW）、海南（HI）；菲律宾、马来西亚、印度尼西亚、巴布亚新几内亚、澳大利亚

（82）银亚四目绿尺蛾 *Comostola chlorargyra* (Walker, 1861)
Comibaena chlorargyra Walker, 1861: 577. **Syntype(s)** ♂,

Malaysia: Borneo: Sarawak. (OUM)
Comostola chlorargyra: Prout, 1912: 237.
异名（Synonym）：
Leucodesmia confusa Warren, 1905: 422.
Comostola hyptiostega Prout, 1935: 225.
其他文献（Reference）：Han & Xue, 2011b: 362.
分布（Distribution）：云南（YN）、海南（HI）；马来西亚（沙捞越）、新加坡、印度尼西亚（苏拉威西岛、爪哇岛、苏门答腊岛）、巴布亚新几内亚

（83）染亚四目绿尺蛾 *Comostola christinaria* (Oberthür, 1916)

Nemoria christinaria Oberthür, 1916: 115. **Syntype(s)** including ♂, China: Yunnan: Tse-kou. (ZFMK)
Comostola christinaria: Han & Xue, 2009: 409.
其他文献（Reference）：Prout, 1934: 123; Han & Xue, 2011b: 381.
分布（Distribution）：云南（YN）、西藏（XZ）

（84）康亚四目绿尺蛾 *Comostola cognata* Yazaki et Wang, 2003

Comostola cognata Yazaki et Wang, 2003: 200. **Holotype** ♂, China: Guangdong: Shaoguan, Nanling National Nature Reserve. (SCAU)
别名（Common name）：蔻尻尺蛾
其他文献（Reference）：Han & Xue, 2011b: 364; Yazaki & Wang, 2011: 84.
分布（Distribution）：广东（GD）

（85）鲜亚四目绿尺蛾 *Comostola dyakaria* (Walker, 1861)

Eucrostis dyakaria Walker, 1861: 567. **Syntype(s)** ♂, Malaysia: Borneo: Sarawak. (OUM)
Comostola dyakaria: Swinhoe, 1900: 396.
异名（Synonym）：
Comostola albifimbria Warren, 1896a: 105.
其他文献（Reference）：Prout, 1912: 240; Han & Xue, 2011b: 364.
分布（Distribution）：云南（YN）、广西（GX）；印度、喜马拉雅山脉（东北部）（国外部分）、菲律宾、马来西亚、印度尼西亚

（86）小斑亚四目绿尺蛾 *Comostola enodata* Inoue, 1986

Comostola enodata Inoue, 1986b: 222. **Holotype** ♂, China: Formosa [Taiwan]: Fenchihu, Chiai Hsien. (BMNH)
别名（Common name）：小斑四圈青尺蛾
其他文献（Reference）：Wang, 1997: 116; Han & Xue, 2011b: 365.
分布（Distribution）：台湾（TW）

（87）蓝亚四目绿尺蛾 *Comostola francki* Prout, 1934

Comostola francki Prout, 1934: 130. **Holotype** ♂, China (west): Sichuan: Kwanhsien. (BMNH)
其他文献（Reference）：Han & Xue, 2011b: 366.
分布（Distribution）：四川（SC）

（88）红斑亚四目绿尺蛾 *Comostola laesaria* (Walker, 1861)

Jodis laesaria Walker, 1861: 544. **Holotype** ♀, Ceylon [Sri Lanka]. (BMNH)
Comostola laesaria: Turner, 1910: 566.
异名（Synonym）：
Eucrostis perlepidaria Walker, 1866: 1610.
别名（Common name）：小四圈青尺蛾
其他文献（Reference）：Moore, 1887: 429; Hampson, 1895b: 500; Wang, 1997: 119; Han & Xue, 2011b: 366.
分布（Distribution）：云南（YN）、台湾（TW）、海南（HI）；印度、斯里兰卡、马来西亚、新加坡、文莱、印度尼西亚、巴布亚新几内亚、澳大利亚

（89）点线亚四目绿尺蛾 *Comostola maculata* (Moore, 1868)

Comibaena maculata Moore, 1868: 638. **Syntype(s)**, India: Bengal.
Comostola maculata: Prout, 1912: 236.
其他文献（Reference）：Prout, 1934: 128; Han & Xue, 2011b: 368.
分布（Distribution）：四川（SC）、云南（YN）、西藏（XZ）；印度、尼泊尔、缅甸、喜马拉雅山脉（国外部分）

（90）灵亚四目绿尺蛾 *Comostola meritaria* (Walker, 1861)

Geometra meritaria Walker, 1861: 522. **Holotype** ♀, Ceylon [Sri Lanka]. (BMNH)
Comostola meritaria: Prout, 1912: 236.
其他文献（Reference）：Han & Xue, 2011b: 369.
分布（Distribution）：台湾（TW）、香港（HK）；印度、斯里兰卡、马来西亚（沙捞越）、文莱、印度尼西亚（苏门答腊岛、苏拉威西岛）

（91）洁亚四目绿尺蛾 *Comostola mundata* Warren, 1896

Comostola mundata Warren, 1896a: 105. **Syntypes** ♂♀, India: Khasi Hills. (BMNH)
其他文献（Reference）：Han & Xue, 2011b: 371.
分布（Distribution）：广西（GX）、海南（HI）；印度

（92）点亚四目绿尺蛾 *Comostola ocellulata* Prout, 1920

Comostola ocellulata Prout, 1920b: 267. **Holotype** ♂, China:

Formosa [Taiwan] (central): Kagi district, Arizan. (BMNH)
别名（**Common name**）：黄斑四圈青尺蛾
其他文献（**Reference**）：Wang, 1997: 115; Han & Xue, 2011b: 372.
分布（**Distribution**）：西藏（XZ）、台湾（TW）

（93）绵亚四目绿尺蛾 *Comostola ovifera* (Warren, 1893)

Euchloris? ovifera Warren, 1893: 358. **Syntypes** ♂, India: Sikkim, Tonglo. (BMNH)
Comostola ovifera: Prout, 1913c: 33.
其他文献（**Reference**）：Han & Xue, 2011b: 373.
分布（**Distribution**）：四川（SC）、云南（YN）、西藏（XZ）；印度

绵亚四目绿尺蛾指名亚种 *Comostola ovifera ovifera* (Warren, 1893)

分布（**Distribution**）：西藏（XZ）；印度

绵亚四目绿尺蛾四川亚种 *Comostola ovifera szechuanensis* Prout, 1934

Comostola ovifera szechuanensis Prout, 1934: 129. **Holotype**, China: Szechwan [Sichuan]: Tachien-lu [Kangding].
其他文献（**Reference**）：Han & Xue, 2011b: 374.
分布（**Distribution**）：四川（SC）、云南（YN）

（94）红边亚四目绿尺蛾 *Comostola pyrrhogona* (Walker, 1866)

Eucrostis pyrrhogona Walker, 1866: 1610. **Holotype** ♀, South Hindostan [India]. (BMNH)
Comostola pyrrhogona: Holloway, 1996: 291.
异名（**Synonym**）：
Pyrrhorachis cornuta Warren, 1896b: 292.
Pyrrhorachis cornuta pisochlora Prout, 1934: 131.
Pyrrhorachis cornuta callicrossa Prout, 1934: 132.
Pyrrhorachis cornuta woodfordi Prout, 1934: 132.
Pyrrhorachis pyrrhogona succornuta Prout, 1937: 181.
Pyrrhorachis cornuta exquisitata Fletcher, 1957: 60.
别名（**Common name**）：红边水青尺蛾
其他文献（**Reference**）：Wang, 1997: 120; Han & Xue, 2011b: 375.
分布（**Distribution**）：台湾（TW）、香港（HK）；印度至澳大利亚

（95）洒脱亚四目绿尺蛾 *Comostola satoi* Inoue, 1986

Comostola satoi Inoue, 1986b: 222. **Holotype** ♂, China: Taiwan: Hualien Hsien, Wenshan Spa, 580 m. (BMNH)
别名（**Common name**）：黑四圈青尺蛾
其他文献（**Reference**）：Wang, 1997: 117; Han & Xue, 2011b: 376.
分布（**Distribution**）：台湾（TW）

（96）亚四目绿尺蛾 *Comostola subtiliaria* (Bremer, 1864)

Euchloris subtiliaria Bremer, 1864: 76. **Syntype(s)**, Russia: East Siberia, lower Ussuri.
Comostola subtiliaria: Prout, 1912: 236.
异名（**Synonym**）：
Racheospila nympha Butler, 1881a: 411.
Comostola demeritaria Prout, 1917b: 304.
Comostola demeritaria vapida Prout, 1934: 130.
Comostola subtiliaria insulata Inoue, 1963: 29.
Comostola subtiliaria kawazoei Inoue, 1963: 29.
别名（**Common name**）：长斑四圈青尺蛾
其他文献（**Reference**）：Wang, 1997: 118; Han & Xue, 2011b: 377.
分布（**Distribution**）：河南（HEN）、陕西（SN）、甘肃（GS）、青海（QH）、上海（SH）、浙江（ZJ）、江西（JX）、四川（SC）、云南（YN）、福建（FJ）、广东（GD）、广西（GX）；俄罗斯［西伯利亚、符拉迪沃斯托克（海参崴）］、日本、朝鲜半岛、印度、印度尼西亚（苏门答腊岛）

（97）红缘亚四目绿尺蛾 *Comostola turgescens* (Prout, 1917)

Pyrrorhachis pyrrhogona turgescens Prout, 1917b: 305. **Syntype(s)**, India: Khasi Hills. (BMNH)
Comostola turgescens: Holloway, 1996: 295.
其他文献（**Reference**）：Han & Xue, 2011b: 379.
分布（**Distribution**）：云南（YN）、海南（HI）；印度、喜马拉雅山脉（东北部）（国外部分）、马来西亚、文莱、印度尼西亚

（98）维亚四目绿尺蛾 *Comostola virago* Prout, 1926

Comostola virago Prout, 1926: 135. **Holotype** ♀, India: Khasi Hills. (BMNH)
别名（**Common name**）：尻尺蛾
其他文献（**Reference**）：Han & Xue, 2011b: 380; Yazaki & Wang, 2011: 84.
分布（**Distribution**）：四川（SC）、云南（YN）、西藏（XZ）、广东（GD）、广西（GX）；印度、缅甸

18. 赤线尺蛾属 *Culpinia* Prout, 1912

Culpinia Prout, 1912: 15 (key), 139. **Type species:** *Thalera diffusa* Walker, 1861.

(99) 赤线尺蛾 *Culpinia diffusa* (Walker, 1861)

Thalera diffusa Walker, 1861: 597. **Holotype** ♀, China. (BMNH)
Culpinia diffusa: Prout, 1912: 21.
异名（Synonym）：
Thalera crenulata Butler, 1878a: 399.
Thalera rufolimbaria Hedemann, 1879: 512.
别名（Common name）：红足青尺蛾、赤脚尺蛾
其他文献（Reference）：Chu, 1981: 118; Wang, 1997: 107; Han & Xue, 2011b: 383.
分布（Distribution）：辽宁（LN）、山东（SD）、江苏（JS）、浙江（ZJ）、湖南（HN）、四川（SC）、重庆（CQ）、福建（FJ）；俄罗斯（乌苏里地区）、日本、朝鲜半岛

19. 环点绿尺蛾属 *Cyclothea* Prout, 1912

Cyclothea Prout, 1912: 14 (key), 181. **Type species:** *Thalera disjuncta* Walker, 1861.

(100) 环点绿尺蛾 *Cyclothea disjuncta* (Walker, 1861)

Thalera disjuncta Walker, 1861: 595. **Holotype** ♀, Ceylon [Sri Lanka]. (BMNH)
Cyclothea disjuncta: Prout, 1912: 181.
其他文献（Reference）：Han & Xue, 2011b: 569.
分布（Distribution）：云南（YN）、海南（HI）；印度、斯里兰卡、马来西亚、印度尼西亚（苏门答腊岛）

20. 峰尺蛾属 *Dindica* Moore, 1888

Dindica Moore, 1888: 248. **Type species:** *Hypochroma basiflavata* Moore, 1868 (=*Hypochroma polyphaenaria* Guenée, 1858).
异名（Synonym）：
Perissolophia Warren, 1893: 350.
其他文献（Reference）：Inoue, 1990a: 122; Pitkin, Han & James, 2007: 370.

(101) 灰峰尺蛾 *Dindica glaucescens* Inoue, 1990

Dindica glaucescens Inoue, 1990a: 148. **Holotype** ♂, China: Hunan: Hoeng-shan. (BMNH)
其他文献（Reference）：Han & Xue, 2011b: 84; Yazaki & Wang, 2011: 77.
分布（Distribution）：湖南（HN）、广东（GD）

(102) 洪峰尺蛾 *Dindica hepatica* Inoue, 1990

Dindica hepatica Inoue, 1990a: 130. **Holotype** ♂, China: Hong Kong: New Territories, Taipo Kaw. (BMNH)
其他文献（Reference）：Han & Xue, 2011b: 85.
分布（Distribution）：香港（HK）

(103) 克峰尺蛾 *Dindica kishidai* Inoue, 1986

Dindica kishidai Inoue, 1986b: 215. **Holotype** ♂, China: Taiwan: Nantou Hsien, Lushan Spa. (BMNH)
别名（Common name）：L纹峰尺蛾、岸田峰尺蛾
其他文献（Reference）：Inoue, 1990a: 148; Wang, 1997: 42; Han & Xue, 2011b: 86; Yazaki & Wang, 2011: 76.
分布（Distribution）：台湾（TW）、广东（GD）

(104) 平峰尺蛾 *Dindica limatula* Inoue, 1990

Dindica limatula Inoue, 1990a: 152. **Holotype** ♂, China: Hunan: Hoeng-shan. (ZFMK)
其他文献（Reference）：Han & Xue, 2011b: 87.
分布（Distribution）：江苏（JS）、浙江（ZJ）、湖南（HN）

(105) 橄榄峰尺蛾 *Dindica olivacea* Inoue, 1990

Dindica olivacea Inoue, 1990a: 126. **Holotype** ♂, Philippines: Luzon. (BMNH)
其他文献（Reference）：Han & Xue, 2011b: 88.
分布（Distribution）：云南（YN）、香港（HK）；印度、泰国、菲律宾、马来西亚、印度尼西亚

(106) 赭点峰尺蛾 *Dindica para* Swinhoe, 1891
Dindica para Swinhoe, 1891: 490. **Syntypes** ♂, India: Khasi Hills. (BMNH)
异名（Synonym）：
Dindica erythropunctura Chu, 1981: 115.
其他文献（Reference）：Han & Xue, 2011b: 89; Yazaki & Wang, 2011: 76.
分布（Distribution）：河南（HEN）、陕西（SN）、甘肃（GS）、浙江（ZJ）、江西（JX）、湖南（HN）、湖北（HB）、四川（SC）、云南（YN）、西藏（XZ）、福建（FJ）、广西（GX）、海南（HI）；印度、不丹、尼泊尔、泰国、马来西亚

赭点峰尺蛾指名亚种 *Dindica para para* Swinhoe, 1891
分布（Distribution）：河南（HEN）、陕西（SN）、甘肃（GS）、浙江（ZJ）、江西（JX）、湖南（HN）、湖北（HB）、四川（SC）、云南（YN）、西藏（XZ）、福建（FJ）、广西（GX）、海南（HI）；印度、不丹、尼泊尔、泰国、马来西亚

(107) 宽带峰尺蛾 *Dindica polyphaenaria* (Guenée, 1858)
Hypochroma polyphaenaria Guenée, 1858: 280. **Holotype** ♂, India (central). (BMNH)
Dindica polyphaenaria: Warren, 1894a: 382.
异名（Synonym）：
Hypochroma basiflavata Moore, 1868: 632.
别名（Common name）：白顶峰尺蛾、裹黄峰尺蛾
其他文献（Reference）：Moore, 1888: 248; Chu, 1981: 115; Wang, 1997: 39; Han & Xue, 2011b: 92; Yazaki & Wang, 2011: 76.
分布（Distribution）：浙江（ZJ）、江西（JX）、湖南（HN）、湖北（HB）、四川（SC）、贵州（GZ）、云南（YN）、福建（FJ）、台湾（TW）、广东（GD）、广西（GX）、海南（HI）；印度、不丹、尼泊尔、喜马拉雅山脉（东北部）（国外部分）、越南（北部）、泰国、马来西亚、印度尼西亚

(108) 紫峰尺蛾 *Dindica purpurata* Bastelberger, 1911
Dindica purpurata Bastelberger, 1911a: 248. **Lectotype** ♂, China: Formosa [Taiwan]: [Arizan]. (SMF)
其他文献（Reference）：Chu, 1981: 115; Inoue, 1990a: 153; Han & Xue, 2011b: 94; Yazaki & Wang, 2011: 77.
分布（Distribution）：四川（SC）、台湾（TW）、广东（GD）

(109) 亚绿峰尺蛾 *Dindica subvirens* Yazaki et Wang, 2004
Dindica subvirens Yazaki et Wang, 2004, *In*: Yazaki, Wang & Huang, 2004: 58. China: Guangdong: Nanling. (SCAU)
别名（Common name）：素峰尺蛾
其他文献（Reference）：Han & Xue, 2011b: 95; Yazaki & Wang, 2011: 77.
分布（Distribution）：广东（GD）

(110) 台湾峰尺蛾 *Dindica taiwana* Wileman, 1914
Dindica taiwana Wileman, 1914: 292. **Lectotype** ♂, China: Formosa [Taiwan]: Arizan. (BMNH)
其他文献（Reference）：Prout, 1932: 58; Wang, 1997: 40; Han & Xue, 2011b: 95.
分布（Distribution）：台湾（TW）

(111) 天目峰尺蛾 *Dindica tienmuensis* Chu, 1981
Dindica tienmuensis Chu, 1981: 116. **Holotype** ♂, China: Zhejiang: Tianmushan. (IZCAS)
其他文献（Reference）：Han & Xue, 2011b: 96.
分布（Distribution）：浙江（ZJ）、江西（JX）、湖南（HN）、贵州（GZ）、福建（FJ）、广东（GD）、广西（GX）

(112) 绿峰尺蛾 *Dindica virescens* (Butler, 1878)
Bylazora virescens Butler, 1878a: 398. **Syntype(s)**, Japan: Hakodaté. (BMNH)
Dindica virescens: Prout, 1912: 42.
异名（Synonym）：
Pseudoterpna koreana Alphéraky, 1897: 181.
Dindica virescens yuwanina Kawazoe et Ogata, 1963: 23.
其他文献（Reference）：Leech, 1897: 230; Han & Xue, 2011b: 98.
分布（Distribution）：江西（JX）；日本、朝鲜半岛

(113) 白顶峰尺蛾 *Dindica wilemani* Prout, 1932
Dindica wilemani Prout, 1932: 58. **Holotype** ♂, China: Formosa [Taiwan]: Kanshirei. (BMNH)
其他文献（Reference）：Wang, 1997: 41; Han & Xue, 2011b: 99.
分布（Distribution）：湖南（HN）、福建（FJ）、台湾（TW）、广西（GX）

21. 涡尺蛾属 *Dindicodes* Prout, 1912

Dindicodes Prout, 1912: 41. **Type species:** *Hypochroma crocina* Butler, 1880.
其他文献（**Reference**）：Pitkin, Han & James, 2007: 372.

（114）雪豹涡尺蛾 *Dindicodes albodavidaria* (Xue, 1992)

Pachyodes albodavidaria Xue, 1992: 812. **Holotype** ♂, China: Hunan: Lingxian. (IZCAS)
Dindicodes albodavidaria: Pitkin, Han & James, 2007: 373.
别名（**Common name**）：雪豹垂耳尺蛾
其他文献（**Reference**）：Han & Xue, 2011b: 102.
分布（**Distribution**）：湖南（HN）

（115）白尖涡尺蛾 *Dindicodes apicalis* (Moore, 1888)

Pingasia [*Pingasa*] *apicalis* Moore, 1888: 247. **Syntype(s)**, India: Darjeeling. (MNHU)
Dindicodes apicalis: Pitkin, Han & James, 2007: 373.
别名（**Common name**）：云南垂耳尺蛾
其他文献（**Reference**）：Hampson, 1895b: 476; Prout, 1912: 41; Prout, 1932: 57; Chu, 1981: 114; Scoble, 1999: 689; Han & Xue, 2011b: 108.
分布（**Distribution**）：湖南（HN）、四川（SC）、云南（YN）、西藏（XZ）、广西（GX）；印度、尼泊尔、泰国

白尖涡尺蛾指名亚种 *Dindicodes apicalis apicalis* (Moore, 1888)

分布（**Distribution**）：云南（YN）、西藏（XZ）、广西（GX）；印度、尼泊尔、泰国

白尖涡尺蛾湖南亚种 *Dindicodes apicalis hunana* (Xue, 1992)

Pachyodes apicalis hunana Xue, 1992: 812. **Holotype** ♂, China: Hunan: Sangzhi, Tianpingshan. (IZCAS)
Dindicodes apicalis hunana: Pitkin, Han & James, 2007: 373.
分布（**Distribution**）：湖南（HN）、四川（SC）、西藏（XZ）；泰国

（116）黄边涡尺蛾 *Dindicodes costiflavens* (Wehrli, 1933)

Terpna costiflavens Wehrli, 1933: 37. **Holotype** ♀, China (west): Sichuan: Siaolu. (ZFMK)
Dindicodes costiflavens: Pitkin, Han & James, 2007: 373.
其他文献（**Reference**）：Scoble, 1999: 689; Han & Xue, 2011b: 110.
分布（**Distribution**）：甘肃（GS）、湖南（HN）、湖北（HB）、四川（SC）

（117）滨石涡尺蛾 *Dindicodes crocina* (Butler, 1880)

Hypochroma crocina Butler, 1880: 126. **Syntypes** ♂, India: Darjeeling. (BMNH)
Dindicodes crocina: Prout, 1912: 41.
其他文献（**Reference**）：Han & Xue, 2011b: 102.
分布（**Distribution**）：江西（JX）、福建（FJ）、广东（GD）、广西（GX）、海南（HI）；印度、尼泊尔、越南

（118）豹涡尺蛾 *Dindicodes davidaria* (Poujade, 1895)

Pachyodes davidaria Poujade, 1895a: 311. **Holotype** ♀, China: Sichuan: Moupin. (MNHN)
Dindicodes davidaria: Pitkin, Han & James, 2007: 373.
其他文献（**Reference**）：Leech, 1897: 229; Prout, 1912: 41; Prout, 1932: 57; Han & Xue, 2011b: 104.
分布（**Distribution**）：陕西（SN）、甘肃（GS）、湖南（HN）、湖北（HB）、四川（SC）

（119）丽涡尺蛾 *Dindicodes ectoxantha* (Wehrli, 1933)

Terpna ectoxantha Wehrli, 1933: 37. **Holotype** ♀, China: Yunnan. (ZFMK)
Dindicodes ectoxantha: Pitkin, Han & James, 2007: 373.
其他文献（**Reference**）：Scoble, 1999: 689; Han & Xue, 2011b: 111.
分布（**Distribution**）：云南（YN）；越南

（120）赞涡尺蛾 *Dindicodes euclidiaria* (Oberthür, 1913)

Hypochroma euclidiaria Oberthür, 1913: 290. **Syntype(s)**, China: Yunnan: Tse-kou.
Dindicodes euclidiaria: Pitkin, Han & James, 2007: 373.
其他文献（**Reference**）：Prout, 1932: 57; Scoble, 1999: 690; Han & Xue, 2011b: 105.
分布（**Distribution**）：四川（SC）、云南（YN）

（121）狮涡尺蛾 *Dindicodes leopardinata* (Moore, 1868)

Hypochroma leopardinata Moore, 1868: 634. **Holotype** ♂,

India: Bengal. (BMNH)
Dindicodes leopardinata: Pitkin, Han & James, 2007: 373.
其他文献（**Reference**）：Hampson, 1895b: 477; Prout, 1912: 12; Prout, 1932: 57; Inoue, 1982a: 131; Scoble, 1999: 690; Han & Xue, 2011b: 107.
分布（**Distribution**）：吉林（JL）、四川（SC）、云南（YN）、西藏（XZ）、海南（HI）；印度、不丹、尼泊尔

（122）砂涡尺蛾 *Dindicodes vigil* (Prout, 1926)
Terpna vigil Prout, 1926: 131. **Holotype** ♂, Burma (upper): Hpimaw Fort. (BMNH)
Terpna (Dindicodes) vigil: Prout, 1932: 57.
其他文献（**Reference**）：Scoble, 1999: 690; Han & Xue, 2011b: 112.
分布（**Distribution**）：陕西（SN）、湖南（HN）、四川（SC）、云南（YN）；缅甸

22. 渎青尺蛾属 *Dooabia* Warren, 1894

Dooabia Warren, 1894a: 388. **Type species**: *Ennomos viridata* Moore, 1868.
异名（**Synonym**）：
Cacamoda Swinhoe, 1894a: 172.

（123）潭渎青尺蛾 *Dooabia alia* Yazaki, 1997
Dooabia alia Yazaki, 1997: 102. **Holotype** ♂, China: Taiwan: Chiayi, Mt. Alishan. (NSMT)
其他文献（**Reference**）：Han & Xue, 2011b: 257.
分布（**Distribution**）：台湾（TW）

（124）月渎青尺蛾 *Dooabia lunifera* (Moore, 1888)
Thalassodes lunifera Moore, 1888: 250. **Syntype(s)**, India: Cherrapunji. (MNHU)
Dooabia lunifera: Prout, 1912: 63.
别名（**Common name**）：淡黄尖尾尺蛾
其他文献（**Reference**）：Swinhoe, 1894a: 174; Wang, 1997: 50; Han & Xue, 2011b: 258.
分布（**Distribution**）：台湾（TW）、海南（HI）；印度、喜马拉雅山脉（东北部）（国外部分）、越南、马来西亚、印度尼西亚

（125）星渎青尺蛾 *Dooabia puncticostata* Prout, 1923
Dooabia puncticostata Prout, 1923: 305. **Holotype** ♂, Peninsular Malaysia: Selangor: Bukit Kutu. (BMNH)
异名（**Synonym**）：
Dooabia puncticostata quantula Prout, 1931: 5.
其他文献（**Reference**）：Han & Xue, 2011b: 259.
分布（**Distribution**）：海南（HI）；马来西亚（雪兰莪、沙巴）、印度尼西亚（爪哇岛、苏门答腊岛）

（126）渎青尺蛾 *Dooabia viridata* (Moore, 1868)
Ennomos viridata Moore, 1868: 623. **Syntype(s)** ♀, India: Bengal.
Dooabia viridata: Warren, 1894a: 388.
其他文献（**Reference**）：Swinhoe, 1894a: 172; Hampson, 1895b: 483; Han & Xue, 2011b: 260.
分布（**Distribution**）：云南（YN）、台湾（TW）；印度

23. 迪青尺蛾属 *Dyschloropsis* Warren, 1895

Dyschloropsis Warren, 1895: 89. **Type species**: *Jodis impararia* Guenée, 1858.

（127）迪青尺蛾 *Dyschloropsis impararia* (Guenée, 1858)
Jodis impararia Guenée, 1858: 354. **Holotype** ♂, Russia: Ural Mountains.
Dyschloropsis impararia: Warren, 1895: 89.
异名（**Synonym**）：
Eucrostis imparata Herrich-Schäffer, 1861: 27.
其他文献（**Reference**）：Gumppenberg, 1895: 463; Staudinger, 1901: 261; Han & Xue, 2011b: 385.
分布（**Distribution**）：内蒙古（NM）、山西（SX）、甘肃（GS）；俄罗斯、蒙古国；中亚

24. 豹尺蛾属 *Dysphania* Hübner, 1819

Dysphania Hübner, 1819: 175. **Type species:** *Phalaena numana* Cramer, 1779.
异名（Synonym）：
Euschema Hübner, 1819: 175.
Deileptena Guérin-Méneville, 1831: pl. 19, fig. 3.
Hazis Boisduval, 1832: 203.
Heleona Swainson, 1833: pl. 116.
Polenivora Gistl, 1848: ix.
Pareuschema Thierry-Mieg, 1905: 181.

(128) 豹尺蛾 *Dysphania militaris* (Linnaeus, 1758)
Phalaena (*Bombyx*) *militaris* Linnaeus, 1758: 505. **Syntype(s)**.
Dysphania militaris: Bastelberger, 1905: 222.
异名（Synonym）：
Euschema abrupta Walker, 1862: 70.
Euschema roepstorfii Moore, 1877: 600.
Euschema lunulata Butler, 1882: 375.
Euschema ludifica Swinhoe, 1890: 202.
Euschema scyllea Swinhoe, 1893a: 148.
Dysphania caeruleoplaga Bastelberger, 1911b: 54.
其他文献（Reference）：Hübner, 1826: 175; Boisduval, 1832: 203; Swainson, 1833: 116; Chu, 1981: 112; Han & Xue, 2011b: 70.
分布（Distribution）：江西（JX）、云南（YN）、福建（FJ）、广东（GD）、广西（GX）、海南（HI）、香港（HK）；印度、缅甸、越南、泰国、马来西亚、印度尼西亚

豹尺蛾指名亚种 *Dysphania militaris militaris* (Linnaeus, 1758)
分布（Distribution）：江西（JX）、云南（YN）、福建（FJ）、广东（GD）、广西（GX）、香港（HK）；印度、缅甸、越南、泰国、马来西亚、印度尼西亚

豹尺蛾海南亚种 *Dysphania militaris abnegata* Prout, 1917
Dysphania militaris abnegata Prout, 1917a: 294. **Holotype** ♂, China: Hainan: Weng Chang. (BMNH)
分布（Distribution）：广东（GD）、海南（HI）

(129) 盈豹尺蛾 *Dysphania subrepleta* (Walker, 1854)
Euschema subrepleta Walker, 1854: 406. **Syntypes**, Malaysia: Borneo; Ceylon [Sri Lanka]. (BMNH)
Dysphania subrepleta: Prout, 1932: 64.
异名（Synonym）：
Hazis bellonaria Guenée, 1858: 193.
其他文献（Reference）：Han & Xue, 2011b: 73.
分布（Distribution）：云南（YN）、广西（GX）、海南（HI）；印度、缅甸、泰国、斯里兰卡、马来西亚

盈豹尺蛾缅甸亚种 *Dysphania subrepleta excubitor* (Moore, 1879)
Euschema excubitor Moore, 1879: 846. **Syntypes** ♂♀, Burma: Upper Tenasserim, Taoo, Hounguran source; India: Khasi Hills. (BMNH)
Dysphania subrepleta excubitor: Prout, 1932: 64.
异名（Synonym）：
Euschema sodalis Moore, 1886: 99.
Dysphania conspicua Bastelberger, 1907: 73.
分布（Distribution）：云南（YN）、广西（GX）；印度、缅甸

盈豹尺蛾海南亚种 *Dysphania subrepleta semifracta* Prout, 1916
Dysphania subrepleta semifracta Prout, 1916b: 195. **Holotype** ♂, China: Hainan: Mt. Wuchi; Youboi; Hoihow. (BMNH)
分布（Distribution）：海南（HI）；泰国

25. 霞青尺蛾属 *Ecchloropsis* Prout, 1938

Ecchloropsis Prout, 1938: 219. **Type species:** *Ecchloropsis xenophyes* Prout, 1938.

（130）霞青尺蛾 *Ecchloropsis xenophyes* Prout, 1938

Ecchloropsis xenophyes Prout, 1938: 219. **Holotype** ♂, China: Szechwan [Sichuan]: Wushi, 12,000 ft or upward. (BMNH)

其他文献（Reference）：Han & Xue, 2011b: 387.
分布（Distribution）：四川（SC）、云南（YN）

26. 黄斑尺蛾属 *Epichrysodes* Han *et* Stüning, 2007

Epichrysodes Han *et* Stüning, 2007, *In*: Han, Stüning & Xue, 2007: 128. **Type species:** *Epichrysodes tienmuensis* Han *et* Stüning, 2007.

（131）天目黄斑尺蛾 *Epichrysodes tienmuensis* Han *et* Stüning, 2007

Epichrysodes Han *et* Stüning, 2007, *In*: Han, Stüning & Xue, 2007: 131. **Holotype** ♂, China: Zhejiang: Tianmushan. (ZFMK)

其他文献（Reference）：Han & Xue, 2011b: 389.
分布（Distribution）：浙江（ZJ）

27. 京尺蛾属 *Epipristis* Meyrick, 1888

Epipristis Meyrick, 1888: 916. **Type species:** *Epipristis oxycyma* Meyrick, 1888.

异名（Synonym）：
Terpnidia Butler, 1892: 131.
Pingarmia Sterneck, 1927: 147.

其他文献（Reference）：Han, Expósito & Xue, 2009: 33; Pitkin, Han & James, 2007: 373.

（132）小京尺蛾 *Epipristis minimaria* (Guenée, 1858)

Hypochroma minimaria Guenée, 1858: 279. **Syntypes** 1♂1♀, Ceylon [Sri Lanka]. (BMNH)
Epipristis minimaria: Prout, 1932: 47.

异名（Synonym）：
Hypochroma parvula Walker, 1860: 435.

其他文献（Reference）：Han, Expósito & Xue, 2009: 38; Han & Xue, 2011b: 114.
分布（Distribution）：云南（YN）、海南（HI）；印度、不丹、缅甸、斯里兰卡、印度尼西亚

（133）青京尺蛾 *Epipristis nelearia* (Guenée, 1858)

Hypochroma nelearia Guenée, 1858: 279. **Holotype** ♂, Malaysia: Borneo. (BMNH)
Epipristis nelearia: Meyrick, 1897: 73.

异名（Synonym）：
Epipristis oxycyma Meyrick, 1888: 916.

其他文献（Reference）：Han, Expósito & Xue, 2009: 37; Han & Xue, 2011b: 116.

分布（Distribution）：广西（GX）、海南（HI）；印度、喜马拉雅山脉（东北部）（国外部分）、菲律宾、马来西亚、印度尼西亚、澳大利亚

（134）暗斑京尺蛾 *Epipristis pullusa* Han *et* Xue, 2009

Epipristis pullusa Han *et* Xue, 2009, *In*: Han, Expósito & Xue, 2009: 36. **Holotype** ♂, China: Henan: Songxian, Baiyunshan. (IZCAS)

分布（Distribution）：河南（HEN）

（135）粉斑京尺蛾 *Epipristis roseus* Expósito *et* Han, 2009

Epipristis roseus Expósito *et* Han, 2009, *In*: Han, Expósito & Xue, 2009: 35. **Holotype** ♂, China: Inner Mongolia: 100 km, W. from Ulanhot, Mingshui vill. (IZCAS)

分布（Distribution）：内蒙古（NM）

（136）北京尺蛾 *Epipristis transiens* (Sterneck, 1927)

Pingarmia transiens Sterneck, 1927: 148. **Holotype** ♂, China: Pekin.
Epipristis transiens Prout, 1934: 6.

其他文献（Reference）：Han, Expósito & Xue, 2009: 33; Han & Xue, 2011b: 117.
分布（Distribution）：北京（BJ）、山西（SX）、河南（HEN）、陕西（SN）、宁夏（NX）

28. 翼尺蛾属 *Episothalma* Swinhoe, 1893

Episothalma Swinhoe, 1893a: 149. **Type species:** *Thalassodes sisunaga* Walker, 1861 (=*Hemithea robustaria* Guenée, 1858)
异名（**Synonym**）：
Episthophthalma Hampson, 1895b: 483.
其他文献（**Reference**）：Xue, Wang & Han, 2009: 14.

（137）密翼尺蛾 *Episothalma cognataria* Swinhoe, 1903

Episothalma cognataria Swinhoe, 1903: 510. **Syntype(s)** ♂, Siam [Thailand]: Muok-Lek, 1000 ft. (BMNH)
其他文献（**Reference**）：Xue, Wang & Han, 2009: 19; Han & Xue, 2011b: 392.
分布（**Distribution**）：云南（YN）；泰国

（138）尖翼尺蛾 *Episothalma cuspidata* Xue et Wang, 2009

Episothalma cuspidate Xue et Wang, 2009, *In*: Xue, Wang & Han, 2009: 20. **Holotype** ♂, China: Hainan: Jianfengling. (IZCAS)
分布（**Distribution**）：海南（HI）

（139）绿翼尺蛾 *Episothalma robustaria* (Guenée, 1858)

Hemithea robustaria Guenée, 1858: 383. **Holotype** ♀, India (central).
Episothalma robustaria: Swinhoe, 1900: 388.
异名（**Synonym**）：
Thalassodes sisunaga Walker, 1861: 550.
Thalassodes macruraria Walker, 1863: 1561.
Thalassodes fimbriaria Walker, 1869: 97.
Thalassodes indeterminata Walker, 1869: 98.
其他文献（**Reference**）：Hampson, 1895b: 484; Xue, Wang & Han, 2009: 15; Han & Xue, 2011b: 391.
分布（**Distribution**）：贵州（GZ）、云南（YN）、海南（HI）；印度、孟加拉国、缅甸、越南、马来西亚（沙捞越）、印度尼西亚（爪哇岛）

29. 缘青尺蛾属 *Eucrostes* Hübner, 1823

Eucrostes Hübner, 1823: 283. **Type species:** *Geometra fimbriolaria* Hübner, 1817 (=*Phalaena indigenata* Villers, 1789).
异名（**Synonym**）：
Euchrostis Zeller, 1872: 479.
Euchrostes Gumppenberg, 1887: 342.

（140）小红点缘青尺蛾 *Eucrostes disparata* (Walker, 1861)

Eucrostis disparata Walker, 1861: 567. **Holotype** ♂, Ceylon [Sri Lanka]. (BMNH)
异名（**Synonym**）：
Geometra parvulata Walker, 1863: 1555.
Eucrostis albicornaria Mabille, 1880: clv.
Eucrostis iocentra Meyrick, 1888: 868.
Jodis (as *Iodis*) *barnardae* Lucas, 1891: 293.
Eucrostes rubridisca Warren, 1897a: 38.
Eucrostes nanula Warren, 1897b: 211.
Eucrostis lilliputaria Mabille, 1900: 741.
别名（**Common name**）：小红点青尺蛾
其他文献（**Reference**）：Wang, 1997: 121; Han & Xue, 2011b: 396.
分布（**Distribution**）：台湾（TW）；印度、斯里兰卡、菲律宾、澳大利亚；非洲

30. 彩青尺蛾属 *Eucyclodes* Warren, 1894

Eucyclodes Warren, 1894a: 390. **Type species:** *Phorodesma buprestaria* Guenée, 1858.
异名（**Synonym**）：
Ochrognesia Warren, 1894a: 391.
Osteosema Warren, 1894a: 392.
Anisogamia Warren, 1896b: 286.
Chlorostrota Warren, 1897a: 36.
Chloromachia Warren, 1897b: 209.
Galactochlora Warren, 1907: 133.
Anisozyga Prout, 1911: 26.

Lophomachia Prout, 1912: 85.
Felicia Thierry-Mieg, 1915: 40.

(141) 白弧彩青尺蛾 *Eucyclodes albiradiata* (Warren, 1893)

Uliocnemis albiradiata Warren, 1893: 356. **Holotype** ♂, India: Naga Hills. (BMNH)
Eucyclodes albiradiata: Holloway, 1996: 235.

别名（Common name）：白彩尺蛾

其他文献（Reference）：Hampson, 1895b: 490; Prout, 1912: 167; Prout, 1933: 86; Han & Xue, 2011b: 514; Yazaki & Wang, 2011: 80.

分布（Distribution）：四川（SC）、广东（GD）；印度、缅甸

(142) 白缘彩青尺蛾 *Eucyclodes albotermina* (Inoue, 1978)

Ochrognesia albotermina Inoue, 1978: 209. **Holotype** ♂, China: Taiwan: Nantou, Holuan [Habon Nusya]. (BMNH)
Eucyclodes albotermina: Holloway, 1996: 235.

别名（Common name）：蛋白花青尺蛾

其他文献（Reference）：Wang, 1997: 73; Han & Xue, 2011b: 515.

分布（Distribution）：台湾（TW）

(143) 美彩青尺蛾 *Eucyclodes aphrodite* (Prout, 1933)

Anisozyga gavissima aphrodite Prout, 1933: 85. **Holotype** ♂, China: Szechuan [Sichuan]: Kwanhsien. (BMNH)
Eucyclodes gavissima aphrodite: Holloway, 1996: 236.

其他文献（Reference）：Prout, 1935: 10; Han & Xue, 2011b: 516.

分布（Distribution）：河南（HEN）、陕西（SN）、甘肃（GS）、江苏（JS）、上海（SH）、江西（JX）、湖南（HN）、湖北（HB）、四川（SC）、重庆（CQ）、云南（YN）、广西（GX）

(144) 金银彩青尺蛾 *Eucyclodes augustaria* (Oberthür, 1916)

Lophomachia augustaria Oberthür, 1916: 117. **Syntypes**, China: Yunnan: Tse-kou. (ZFMK)
Eucyclodes augustaria: Holloway, 1996: 235.

其他文献（Reference）：Prout, 1935: 11; Han & Xue, 2011b: 518.

分布（Distribution）：湖南（HN）、湖北（HB）、四川（SC）、云南（YN）、西藏（XZ）、福建（FJ）、广西（GX）

(145) 枯斑翠尺蛾 *Eucyclodes difficta* (Walker, 1861)

Comibaena difficta Walker, 1861: 576. **Syntypes** 2♂, China: Shanghai. (BMNH)
Eucyclodes difficta: Holloway, 1996: 235.

异名（Synonym）：

Phorodesma gratiosaria Bremer, 1864: 77.
Ochrognesia difficta Warren, 1894a: 391.

别名（Common name）：柳叶尺蛾

其他文献（Reference）：Leech, 1897: 236; Chu, 1981: 118; Han & Xue, 2011b: 519.

分布（Distribution）：黑龙江（HL）、吉林（JL）、辽宁（LN）、内蒙古（NM）、河北（HEB）、北京（BJ）、河南（HEN）、陕西（SN）、甘肃（GS）、安徽（AH）、江苏（JS）、上海（SH）、浙江（ZJ）、江西（JX）、湖南（HN）、湖北（HB）、重庆（CQ）、云南（YN）、福建（FJ）、台湾（TW）；俄罗斯、日本、朝鲜半岛

(146) 羽彩青尺蛾 *Eucyclodes discipennata* (Walker, 1861)

Thalera discipennata Walker, 1861: 600. **Syntype(s)** ♀, Malaysia: Borneo: Sarawak. (OUM)
Eucyclodes discipennata: Holloway, 1996: 238.

其他文献（Reference）：Swinhoe, 1900: 402; Prout, 1912: 85; Han & Xue, 2011b: 522.

分布（Distribution）：云南（YN）、西藏（XZ）；印度、越南、老挝、马来西亚、印度尼西亚（爪哇岛、苏门答腊岛、巴厘岛）

(147) 迁彩青尺蛾 *Eucyclodes divapala* (Walker, 1861)

Comibaena divapala Walker, 1861: 575. **Syntypes** 2♀, Ceylon [Sri Lanka]. (BMNH)
Eucyclodes divapala: Holloway, 1996: 235.

异名（Synonym）：

Thalera albisparsa Walker, 1861: 600.

别名（Common name）：白波翠绿尺蛾、雾彩尺蛾

其他文献（Reference）：Hampson, 1895b: 510; Warren, 1897b: 209; Swinhoe, 1900: 401; Prout, 1912: 84; Wang, 1997: 71; Han & Xue, 2011b: 523; Yazaki & Wang, 2011: 80.

分布（Distribution）：江西（JX）、台湾（TW）、广东（GD）、广西（GX）、海南（HI）；印度、斯里兰卡、马来西亚、印度尼西亚

(148) 彩青尺蛾 *Eucyclodes gavissima* (Walker, 1861)

Comibaena gavissima Walker, 1861: 575. **Holotype** ♀, Malaysia: Borneo; Ceylon [Sri Lanka]. (BMNH)
Eucyclodes gavissima: Holloway, 1996: 236.

别名（Common name）：五彩枯斑翠尺蛾、嘎彩尺蛾

其他文献（Reference）：Moore, 1887: 435; Hampson, 1895b: 510; Swinhoe, 1900: 401; Prout, 1912: 80; Chu, 1981: 118; Yazaki, 1992: 12; Wang, 1997: 72; Han & Xue, 2011b: 525; Yazaki & Wang, 2011: 80.

分布（Distribution）：西藏（XZ）、广东（GD）、海南（HI）；朝鲜半岛、印度、尼泊尔、斯里兰卡、马来西亚（沙捞越、

文莱

（149）弯彩青尺蛾 *Eucyclodes infracta* **(Wileman, 1911)**

Thalassodes infracta Wileman, 1911b: 342. **Holotype** ♂, Japan: Suma, near Kobe. (BMNH)

Eucyclodes infracta: Holloway, 1996: 235.

其他文献（**Reference**）：Prout, 1912: 251; Han & Xue, 2011b: 526.

分布（**Distribution**）：浙江（ZJ）、四川（SC）、云南（YN）、福建（FJ）、广西（GX）、海南（HI）、香港（HK）；日本、朝鲜半岛

（150）珊彩青尺蛾 *Eucyclodes lalashana* **(Inoue, 1986)**

Lophomachia lalashana Inoue, 1986b: 216. **Holotype** ♂, China: Taiwan: Nantou Hsien, 'Wushe'. (BMNH)

Eucyclodes lalashana: Holloway, 1996: 235.

别名（**Common name**）：拉拉山翠尺蛾

其他文献（**Reference**）：Wang, 1997: 75; Han & Xue, 2011b: 527.

分布（**Distribution**）：四川（SC）、云南（YN）、台湾（TW）

（151）丽彩青尺蛾 *Eucyclodes monbeigaria* **(Oberthür, 1916)**

Ochrognesia monbeigaria Oberthür, 1916: 118. **Syntypes** 2♂, China: Tien-tsuen. (ZFMK)

Eucyclodes monbeigaria: Holloway, 1996: 235.

其他文献（**Reference**）：Prout, 1935: 11; Han & Xue, 2011b: 528.

分布（**Distribution**）：四川（SC）、广东（GD）

（152）肖彩青尺蛾 *Eucyclodes omeica* **(Chu, 1981)**

Chloromachia omeica Chu, 1981: 118. **Holotype** ♂, China: Sichuan: Omei Shan. (IZCAS)

别名（**Common name**）：肖枯斑翠尺蛾

其他文献（**Reference**）：Chu, 1981: 118; Han & Xue, 2011b: 529.

分布（**Distribution**）：四川（SC）

（153）牡彩青尺蛾 *Eucyclodes pastor* **(Butler, 1880)**

Chlorodes pastor Butler, 1880: 216. **Syntype(s)**, India: Darjeeling. (BMNH)

Eucyclodes pastor: Holloway, 1996: 235.

其他文献（**Reference**）：Prout, 1933: 87; Han & Xue, 2011b: 531.

分布（**Distribution**）：西藏（XZ）；印度

（154）镶边彩青尺蛾 *Eucyclodes sanguilineata* **(Moore, 1868)**

Comibaena sanguinlineata Moore, 1868: 638. **Syntype(s)** ♂, India: Bengal.

Eucyclodes sanguinlineata: Holloway, 1996: 238.

别名（**Common name**）：镶边瑰尺蛾

其他文献（**Reference**）：Warren, 1894a: 392; Swinhoe, 1894a: 176; Hampson, 1895b: 511; Han & Xue, 2011b: 530.

分布（**Distribution**）：湖南（HN）、云南（YN）、西藏（XZ）、福建（FJ）、广东（GD）、广西（GX）；印度、尼泊尔、越南

（155）半彩青尺蛾 *Eucyclodes semialba* **(Walker, 1861)**

Thalera semialba Walker, 1861: 601. **Syntype(s)** ♀, Malaysia: Borneo: Sarawak. (OUM)

Eucyclodes semialba: Holloway, 1996: 238.

别名（**Common name**）：癞绿尺蛾、半褐翠尺蛾、赛彩尺蛾

其他文献（**Reference**）：Moore, 1887: 434; Hampson, 1895b: 511; Warren, 1897b: 209; Swinhoe, 1900: 402; Prout, 1912: 85; Chu, 1981: 118; Wang, 1997: 74; Han & Xue, 2011b: 532; Yazaki & Wang, 2011: 80.

分布（**Distribution**）：湖北（HB）、四川（SC）、云南（YN）、广东（GD）、广西（GX）、海南（HI）、香港（HK）；印度、缅甸、泰国、越南、柬埔寨、斯里兰卡、马来西亚、新加坡、印度尼西亚

31. 青尺蛾属 *Geometra* Linnaeus, 1758

Geometra Linnaeus, 1758: 519.

异名（**Synonym**）：

Hipparchus Leach, 1815: 134.

Holothalassis Hübner, 1823: 285.

Hydrochroa Gumppenberg, 1887: 328 (key).

Leptornis Billberg, 1820: 90.

Loxochila Butler, 1881b: 615.

Megalochlora Meyrick, 1892: 93 (key), 95.

Terpne Hübner, 1822: 38-41, 44, 47, 48, 51, 52.

其他文献（**Reference**）：Han, Galsworthy & Xue, 2009: 889.

（156）白脉青尺蛾 *Geometra albovenaria* **Bremer, 1864**

Geometra albovenaria Bremer, 1864: 75. **Syntype(s)**, Russia: East Siberia: Bureja Mountains; Ussuri, between Noor- and Ema estuaries.

其他文献（Reference）：Prout, 1912: 72; Chu, 1981: 120; Han, Galsworthy & Xue, 2009: 898; Han & Xue, 2011b: 197.

分布（Distribution）：黑龙江（HL）、吉林（JL）、内蒙古（NM）、北京（BJ）、山西（SX）、河南（HEN）、陕西（SN）、甘肃（GS）、湖南（HN）、湖北（HB）、四川（SC）、云南（YN）；俄罗斯、日本、朝鲜半岛

白脉青尺蛾指名亚种 Geometra albovenaria albovenaria Bremer, 1864

分布（Distribution）：黑龙江（HL）、吉林（JL）、内蒙古（NM）、北京（BJ）、山西（SX）、河南（HEN）；俄罗斯、日本、朝鲜半岛

白脉青尺蛾四川亚种 Geometra albovenaria latirigua (Prout, 1932)

Hipparchus albovenaria latirigua Prout, 1932: 75. **Syntypes** ♂♀, China: Szechuan [Sichuan]: Kunkala-Shan. (BMNH)
Geometra albovenaria latirigua: Xue, 1992: 816.

分布（Distribution）：陕西（SN）、甘肃（GS）、湖南（HN）、湖北（HB）、四川（SC）、云南（YN）

（157）钩线青尺蛾 Geometra dieckmanni Graeser, 1889

Geometra dieckmanni Graeser, 1889: 384. **Syntypes** including at least 1♂, Russia: Amurlandes: Chabarofka; Vladivostok.

其他文献（Reference）：Prout, 1912: 72; Han, Galsworthy & Xue, 2009: 908; Han & Xue, 2011b: 199.

分布（Distribution）：内蒙古（NM）；俄罗斯［阿穆尔、乌苏里地区、符拉迪沃斯托克（海参崴）］、日本、朝鲜半岛

（158）宽线青尺蛾 Geometra euryagyia (Prout, 1922)

Hipparchus euryagyia Prout, 1922: 252. **Holotype** ♀, China: Yunnan: Tali. (BMNH)
Geometra euryagyia: ICZN, 1957: 254.

其他文献（Reference）：Han, Galsworthy & Xue, 2009: 902; Han & Xue, 2011b: 200.

分布（Distribution）：河南（HEN）、陕西（SN）、甘肃（GS）、云南（YN）

（159）黄颜蓝青尺蛾 Geometra flavifrontaria (Guenée, 1858)

Nemoria flavifrontaria Guenée, 1858: 346. **Holotype** ♂, India (central). (BMNH)
Geometra flavifrontaria: ICZN, 1957: 254.

异名（Synonym）：
Loxochila mutans Butler, 1881b: 615.
Hipparchus pratti Prout, 1912: 71.

别名（Common name）：黄颜尺蛾

其他文献（Reference）：Chu, 1981: 120; Han, Galsworthy & Xue, 2009: 908; Han & Xue, 2011b: 201.

分布（Distribution）：湖北（HB）、西藏（XZ）；印度、尼泊尔、巴基斯坦、喜马拉雅山脉（西北部）（国外部分）

（160）草绿尺蛾 Geometra fragilis (Oberthür, 1916)

Hipparchus fragilis Oberthür, 1916: 122. **Syntypes** including ♂, China: Yunnan: Tse-kou. (ZFMK)
Geometra fragilis ICZN, 1957: 254.

异名（Synonym）：
Hipparchus ovalis Sterneck, 1927: 12.

其他文献（Reference）：Chu, 1981: 121; Han, Galsworthy & Xue, 2009: 912; Han & Xue, 2011b: 213.

分布（Distribution）：吉林（JL）、四川（SC）、云南（YN）、西藏（XZ）

（161）曲白带青尺蛾 Geometra glaucaria Ménétriès, 1858

Geometra glaucaria Ménétriès, 1858: 220. **Syntype(s)**, Russia: Siberia (eastern), Ussuri.

异名（Synonym）：
Geometra usitata Butler, 1878b: 49.

其他文献（Reference）：Prout, 1912: 72; Han, Galsworthy & Xue, 2009: 916; Han & Xue, 2011b: 216.

分布（Distribution）：黑龙江（HL）、吉林（JL）、辽宁（LN）、内蒙古（NM）、北京（BJ）、山西（SX）、河南（HEN）、陕西（SN）、甘肃（GS）、湖北（HB）、四川（SC）、云南（YN）；俄罗斯（东南部）、日本、朝鲜半岛

（162）细线青尺蛾 Geometra neovalida Han, Galsworthy et Xue, 2009

Geometra neovalida Han, Galsworthy & Xue, 2009: 907. **Holotype** ♂, China: Beijing. (IZCAS)

其他文献（Reference）：Han & Xue, 2011b: 203.

分布（Distribution）：内蒙古（NM）、北京（BJ）、陕西（SN）、甘肃（GS）

（163）蝶青尺蛾 Geometra papilionaria (Linnaeus, 1758)

Phalaena (Geometra) papilionaria Linnaeus, 1758: 522. **Syntype(s)**. (LSL)
Geometra papilionaria: ICZN, 1957: 254.

异名（Synonym）：
Phalaena prasinaria Hufnagel, 1767: 506.
Geometra albopunctata Mattuschka, 1805: 125.

别名（Common name）：翠蝶尺蛾

其他文献（Reference）：Leach, 1815: 134; Chu, 1981: 121; Han, Galsworthy & Xue, 2009: 890; Han & Xue, 2011b: 204.

分布（Distribution）：黑龙江（HL）、吉林（JL）、辽宁（LN）、内蒙古（NM）、河北（HEB）、北京（BJ）、山西（SX）；俄罗斯、日本、朝鲜半岛、蒙古国、安纳托利亚；欧洲

（164）蛙青尺蛾 Geometra rana (Oberthür, 1916)

Hipparchus rana Oberthür, 1916: 121. **Syntypes**, China: Yunnan:

Tse-kou. (ZFMK)

Geometra rana: ICZN, 1957: 254.

其他文献（**Reference**）：Han, Galsworthy & Xue, 2009: 918; Han & Xue, 2011b: 218.

分布（**Distribution**）：云南（YN）

(165) 默青尺蛾 *Geometra sigaria* (Oberthür, 1916)

Nemoria sigaria Oberthür, 1916: 77. **Syntypes** including ♂, China: Yunnan: Tse-kou. (ZFMK)

Geometra sigaria: ICZN, 1957: 254.

其他文献（**Reference**）：Prout, 1932: 75; Han, Galsworthy & Xue, 2009: 919; Han & Xue, 2011b: 219.

分布（**Distribution**）：云南（YN）

(166) 曲线青尺蛾 *Geometra sinoisaria* Oberthür, 1916

Geometra sinoisaria Oberthür, 1916: 103. **Syntypes**, China: Yunnan: Tse-kou; Sichuan: Tachien-lu [Kangding]. (ZFMK)

其他文献（**Reference**）：Prout, 1932: 75; Han, Galsworthy & Xue, 2009: 914; Han & Xue, 2011b: 214.

分布（**Distribution**）：四川（SC）、云南（YN）

(167) 印青尺蛾 *Geometra smaragdus* (Butler, 1880)

Tanaorhinus smaragdus Butler, 1880: 128. **Syntype(s)** ♂, NE Himalayas. (BMNH)

Geometra smaragdus: ICZN, 1957: 254.

其他文献（**Reference**）：Prout, 1912: 71; Chu, 1981: 121; Han, Galsworthy & Xue, 2009: 911; Han & Xue, 2011b: 215.

分布（**Distribution**）：西藏（XZ）；喜马拉雅山脉（东北部）（国外部分）、日本、印度、尼泊尔

(168) 白带青尺蛾 *Geometra sponsaria* (Bremer, 1864)

Chlorochroma sponsaria Bremer, 1864: 77. **Syntype(s)**, Russia: East Siberia: Bureja Mountains; Ema estuary.

Geometra sponsaria: ICZN, 1957: 254.

异名（**Synonym**）：

Megalochlora mandarinaria Leech, 1897: 235.

其他文献（**Reference**）：Prout, 1912: 72; Han, Galsworthy & Xue, 2009: 904; Han & Xue, 2011b: 205.

分布（**Distribution**）：黑龙江（HL）、内蒙古（NM）、北京（BJ）、甘肃（GS）、上海（SH）、浙江（ZJ）、湖南（HN）、湖北（HB）、四川（SC）、广西（GX）；俄罗斯（东南部）、日本、朝鲜半岛

(169) 云青尺蛾 *Geometra symaria* Oberthür, 1916

Geometra symaria Oberthür, 1916: 102. **Holotype** ♂, China: Oriental frontier of Tibet. (ZFMK)

其他文献（**Reference**）：Prout, 1932: 75; Han, Galsworthy & Xue, 2009: 897; Han & Xue, 2011b: 207.

分布（**Distribution**）：河南（HEN）、陕西（SN）、甘肃（GS）、湖北（HB）、四川（SC）、云南（YN）

(170) 乌苏里青尺蛾 *Geometra ussuriensis* (Sauber, 1915)

Megalochlora ussuriensis Sauber, 1915: 203. **Syntype(s)**, Russia: Ussuri.

Geometra ussuriensis: ICZN, 1957: 254.

异名（**Synonym**）：

Hipparchus herbeus Kardakoff, 1928: 421.

其他文献（**Reference**）：Prout, 1935: 9; Han, Galsworthy & Xue, 2009: 906; Han & Xue, 2011b: 208.

分布（**Distribution**）：黑龙江（HL）、河南（HEN）、陕西（SN）、甘肃（GS）、浙江（ZJ）、湖北（HB）、四川（SC）；俄罗斯（东南部）、日本、朝鲜半岛

(171) 直脉青尺蛾 *Geometra valida* Felder et Rogenhofer, 1875

Geometra valida Felder et Rogenhofer, 1875: pl. 127, fig. 37. **Syntype(s)** ♂, Japan. (BMNH)

异名（**Synonym**）：

Geometra dioptasaria Christoph, 1881: 41.

别名（**Common name**）：栎大尺蛾

其他文献（**Reference**）：Prout, 1912: 72; Chu, 1981: 121; Han, Galsworthy & Xue, 2009: 900; Han & Xue, 2011b: 210.

分布（**Distribution**）：黑龙江（HL）、吉林（JL）、辽宁（LN）、内蒙古（NM）、北京（BJ）、山西（SX）、山东（SD）、河南（HEN）、陕西（SN）、宁夏（NX）、甘肃（GS）、上海（SH）、浙江（ZJ）、江西（JX）、湖南（HN）、湖北（HB）、四川（SC）、贵州（GZ）、云南（YN）、福建（FJ）、广西（GX）；俄罗斯（东南部）、日本、朝鲜半岛

32. 无缰青尺蛾属 *Hemistola* Warren, 1893

Hemistola Warren, 1893: 353. **Type species**: *Hemistola rubrimargo* Warren, 1893.

其他文献（**Reference**）：Han & Xue, 2009: 383.

（172）淡无缰青尺蛾 *Hemistola alboneura* Fletcher, 1961

Hemistola alboneura Fletcher, 1961: 164. **Holotype** ♂, Nepal: Manangbhot, Sabzi-Chu. (ZSM)

其他文献（**Reference**）：Han & Xue, 2009: 399; Han & Xue, 2011b: 400.

分布（**Distribution**）：西藏（XZ）；尼泊尔

（173）异无缰青尺蛾 *Hemistola antigone* Prout, 1917

Hemistola antigone Prout, 1917b: 300. **Holotype** ♂, India: Khasi Hills. (BMNH)

其他文献（**Reference**）：Han & Xue, 2009: 399; Han & Xue, 2011b: 401.

分布（**Distribution**）：湖南（HN）；印度

（174）曲线无缰青尺蛾 *Hemistola arcilinea* Han *et* Xue, 2009

Hemistola arcilinea Han et Xue, 2009: 396. **Holotype** ♂, China: Tibet: Linzhi, Bayi. (IZCAS)

分布（**Distribution**）：西藏（XZ）

（175）异瓣无缰青尺蛾 *Hemistola asymmetra* Han *et* Xue, 2009

Hemistola asymmetra Han et Xue, 2009: 389. **Holotype** ♂, China: Yunnan: Tengchong, Dahaoping. (IZCAS)

分布（**Distribution**）：四川（SC）、云南（YN）

（176）净无缰青尺蛾 *Hemistola chrysoprasaria* (Esper, 1795)

Phalaena (Geometra) chrysoprasaria Esper, 1795: 37. **Syntype(s)**, [Germany]: Frankfurt am Mann; [Italy]: Florence.

Hemistola chrysoprasaria: Prout, 1912: 227.

其他文献（**Reference**）：Han & Xue, 2009: 406; Han & Xue, 2011b: 402.

分布（**Distribution**）：内蒙古（NM）、新疆（XJ）；俄罗斯、天山（国外部分）、安纳托利亚；西亚、欧洲、北美洲

净无缰青尺蛾中亚亚种 *Hemistola chrysoprasaria lissas* Prout, 1912

Hemistola chrysoprasaria lissas Prout, 1912: 227. **Syntype(s)**, Central Asia.

分布（**Distribution**）：内蒙古（NM）、宁夏（NX）、新疆（XJ）；俄罗斯、天山（国外部分）、安纳托利亚；欧洲

（177）带无缰青尺蛾 *Hemistola cinctigutta* Prout, 1935

Hemistola cinctigutta Prout, 1935: 20. **Holotype** ♂, China: Sichuan: Tachien-lu [Kangding]. (ZFMK)

其他文献（**Reference**）：Han & Xue, 2009: 399; Han & Xue, 2011b: 403.

分布（**Distribution**）：四川（SC）；朝鲜半岛

（178）引无缰青尺蛾 *Hemistola detracta* (Walker, 1861)

Geometra detracta Walker, 1861: 521. **Holotype** ♂, North Hindostan [India]. (BMNH)

Hemistola detracta: Prout, 1913c: 31.

异名（**Synonym**）：

Thalassodes unduligera Butler, 1889: 21, 105.

Microloxia vestigiata Swinhoe, 1905: 629.

Hemistola annuligera Warren, 1909: 125.

其他文献（**Reference**）：Han & Xue, 2009: 400; Han & Xue, 2011b: 403.

分布（**Distribution**）：云南（YN）；印度、克什米尔地区

（179）粉无缰青尺蛾 *Hemistola dijuncta* (Walker, 1861)

Geometra dijuncta Walker, 1861: 523. **Holotype** ♂, China (north). (BMNH)

Hemistola dijuncta: Prout, 1913c: 31.

异名（**Synonym**）：

Geometra? inoptaria Walker, 1863: 1555.

Jodis claripennis Butler, 1878a: 399.

其他文献（**Reference**）：Chu, 1981: 120; Han & Xue, 2009: 401; Han & Xue, 2011b: 405.

分布（**Distribution**）：华北地区、江苏（JS）、上海（SH）、浙江（ZJ）、福建（FJ）；日本、朝鲜半岛

（180）巧无缰青尺蛾 *Hemistola euethes* Prout, 1934

Hemistola euethes Prout, 1934: 124. **Holotype** ♂, China: Szechuan [Sichuan]: Kwanhsien. (BMNH)

其他文献（**Reference**）：Han & Xue, 2009: 397; Han & Xue, 2011b: 406.

分布（**Distribution**）：陕西（SN）、四川（SC）、云南（YN）

（181）黄缘无缰青尺蛾 *Hemistola flavifimbria* Han *et* Xue, 2009

Hemistola flavifimbria Han et Xue, 2009: 397. **Holotype** ♂, China: Yunnan: Dali, Diancangshan. (IZCAS)

分布（**Distribution**）：四川（SC）、云南（YN）

（182）傅氏无缰青尺蛾 *Hemistola fui* Chang *et* Wu, 2013

Hemistola fui Chang et Wu, 2013: 542. **Holotype** ♂, China: Taiwan: Nantou County, Xiaofengkou. (TFRI)

分布（**Distribution**）：台湾（TW）

（183）暗无缰青尺蛾 *Hemistola fuscimargo* Prout, 1916

Hemistola fuscimargo Prout, 1916a: 16. **Syntypes** 2♂1♀,

India: Assam, Naga Hills. (BMNH)

其他文献（**Reference**）：Han & Xue, 2009: 391; Han & Xue, 2011b: 406.

分布（**Distribution**）：四川（SC）、云南（YN）；印度、缅甸

(184) 蓝绿无缰青尺蛾 *Hemistola glauca* Han et Xue, 2009

Hemistola glauca Han et Xue, 2009: 388. **Holotype** ♂, China: Hunan: Tianpingshan. (IZCAS)

分布（**Distribution**）：湖南（HN）

(185) 巨无缰青尺蛾 *Hemistola grandis* Yazaki, 1993

Hemistola grandis Yazaki, 1993: 104. **Holotype** ♂, Nepal: Godavari. (NSMT)

其他文献（**Reference**）：Han & Xue, 2009: 402; Han & Xue, 2011b: 407.

分布（**Distribution**）：西藏（XZ）；尼泊尔

(186) 荫无缰青尺蛾 *Hemistola inconcinnaria* (Leech, 1897)

Thalassodes inconcinnaria Leech, 1897: 242. **Syntypes** 2♂, China (western): Sichuan: Tachien-lu [Kangding]; Pu-tsu-fong. (BMNH)

Hemistola inconcinnaria: Prout, 1934: 124.

其他文献（**Reference**）：Han & Xue, 2009: 387; Han & Xue, 2011b: 408.

分布（**Distribution**）：陕西（SN）、甘肃（GS）、青海（QH）、四川（SC）

(187) 空无缰青尺蛾 *Hemistola isommata* Prout, 1935

Hemistola isommata Prout, 1935: 20. **Holotype** ♀, China: Sichuan: Tachien-lu [Kangding]. (ZFMK)

其他文献（**Reference**）：Han & Xue, 2009: 403; Han & Xue, 2011b: 409.

分布（**Distribution**）：四川（SC）

(188) 凯无缰青尺蛾 *Hemistola kezukai* Inoue, 1978

Hemistola kezukai Inoue, 1978: 214. **Holotype** ♂, China: Taiwan: Nantou. (BMNH)

别名（**Common name**）：锯齿无缰青尺蛾

其他文献（**Reference**）：Wang, 1997: 112; Han & Xue, 2009: 394; Han & Xue, 2011b: 409.

分布（**Distribution**）：陕西（SN）、甘肃（GS）、台湾（TW）、广西（GX）

(189) 绿缘无缰青尺蛾 *Hemistola monotona* Inoue, 1983

Hemistola monotona Inoue, 1983: 139. **Holotype** ♂, China: Taiwan: Hualien Hsien, Tayuling. (BMNH)

其他文献（**Reference**）：Wang, 1997: 113; Han & Xue, 2009: 396; Han & Xue, 2011b: 410.

分布（**Distribution**）：台湾（TW）

(190) 四圈无缰青尺蛾 *Hemistola orbiculosa* Inoue, 1978

Hemistola orbiculosa Inoue, 1978: 213. **Holotype** ♂, China: Taiwan: Nantou. (BMNH)

别名（**Common name**）：奥无缰青尺蛾

其他文献（**Reference**）：Wang, 1997: 113; Han & Xue, 2009: 403; Han & Xue, 2011b: 411; Yazaki & Wang, 2011: 82.

分布（**Distribution**）：台湾（TW）、广东（GD）

(191) 类四圈无缰青尺蛾 *Hemistola orbiculosoides* Han et Xue, 2009

Hemistola orbiculosoides Han et Xue, 2009: 403. **Holotype** ♂, China: Beijing: Mentougou, Xiaolongmen. (IZCAS)

分布（**Distribution**）：北京（BJ）、湖南（HN）、湖北（HB）、四川（SC）、海南（HI）

(192) 饰无缰青尺蛾 *Hemistola ornata* Yazaki, 1994

Hemistola ornata Yazaki, 1994: 9. **Holotype** ♂, Nepal: Janakpur, Jiri. (NSMT)

其他文献（**Reference**）：Han & Xue, 2009: 400; Han & Xue, 2011b: 411.

分布（**Distribution**）：云南（YN）；尼泊尔

(193) 点尾无缰青尺蛾 *Hemistola parallelaria* (Leech, 1897)

Thalassodes parallelaria Leech, 1897: 241. **Syntypes** 2♂, China (western): Sichuan: Moupin; Ni-tou. (BMNH)

Hemistola parallelaria: Prout, 1913c: 31.

异名（**Synonym**）：

Hemistola parallelaria distans Sterneck, 1927: 25.

其他文献（**Reference**）：Han & Xue, 2009: 405; Han & Xue, 2011b: 412.

分布（**Distribution**）：陕西（SN）、甘肃（GS）、湖北（HB）、四川（SC）、云南（YN）、西藏（XZ）

(194) 源无缰青尺蛾 *Hemistola periphanes* Prout, 1935

Hemistola periphanes Prout, 1935: 20. **Holotype** ♂, China: Yunnan: Tse-kou. (BMNH)

其他文献（**Reference**）：Han & Xue, 2009: 398; Han & Xue, 2011b: 414.

分布（**Distribution**）：四川（SC）、云南（YN）

(195) 云杉无缰青尺蛾 *Hemistola piceacola* Chang et Wu, 2013

Hemistola piceacola Chang et Wu, 2013: 538. **Holotype** ♂,

China: Taiwan: Nantou County, Xiaofengkou. (TFRI)
分布（**Distribution**）：台湾（TW）

（196）赭无缰青尺蛾 *Hemistola rubricosta* Prout, 1916

Hemistola rubricosta Prout, 1916a: 15. **Holotype** ♂, India: Sikkim, Tonglo, 10,000 ft. (BMNH)
其他文献（**Reference**）：Han & Xue, 2009: 385; Han & Xue, 2011b: 414.
分布（**Distribution**）：西藏（XZ）；印度、不丹

（197）红缘无缰青尺蛾 *Hemistola rubrimargo* Warren, 1893

Hemistola rubrimargo Warren, 1893: 354. **Holotype** ♂, India: Sikkim. (BMNH)
其他文献（**Reference**）：Han & Xue, 2009: 384; Han & Xue, 2011b: 415; Yazaki & Wang, 2011: 82.
分布（**Distribution**）：湖南（HN）、湖北（HB）、云南（YN）、西藏（XZ）、广东（GD）；印度、尼泊尔

（198）金边无缰青尺蛾 *Hemistola simplex* Warren, 1899

Hemistola simplex Warren, 1899: 24. **Holotype** ♀, China: Formosa [Taiwan]: North Mountains. (BMNH)
异名（**Synonym**）：
Hemistola fulvimargo Inoue, 1978: 216.
别名（**Common name**）：红缘无缰青尺蛾
其他文献（**Reference**）：Wang, 1997: 114; Han & Xue, 2009: 407; Han & Xue, 2011b: 416.
分布（**Distribution**）：北京（BJ）、河南（HEN）、甘肃（GS）、浙江（ZJ）、湖南（HN）、四川（SC）、福建（FJ）、台湾（TW）

（199）平无缰青尺蛾 *Hemistola stathima* Prout, 1938

Hemistola stathima Prout, 1938: 219. **Holotype** ♀, China: Szechuan [Sichuan]: Tu-pa-kö. (BMNH)
其他文献（**Reference**）：Han & Xue, 2009: 409; Han & Xue, 2011b: 418.
分布（**Distribution**）：四川（SC）

（200）斯氏无缰青尺蛾 *Hemistola stueningi* Han et Xue, 2009

Hemistola stueningi Han et Xue, 2009: 404. **Holotype** ♂, China: Yunnan: A-tun-tse. (ZFMK)
分布（**Distribution**）：云南（YN）

（201）台湾无缰青尺蛾 *Hemistola taiwanensis* Chang et Wu, 2013

Hemistola taiwanensis Chang et Wu, 2013: 548. **Holotype** ♂, China: Taiwan: Hualien County, Guanyuan. (TFRI)
分布（**Distribution**）：台湾（TW）

（202）细线无缰青尺蛾 *Hemistola tenuilinea* (Alphéraky, 1897)

Thalera tenuilinea Alphéraky, 1897: 182. **Holotype** ♂, Korea.
Hemistola tenuilinea: Prout, 1935: 20.
别名（**Common name**）：黄四圈无缰青尺蛾
其他文献（**Reference**）：Wang, 1997: 111; Han & Xue, 2009: 401; Han & Xue, 2011b: 418.
分布（**Distribution**）：北京（BJ）、湖南（HN）、湖北（HB）、台湾（TW）、广西（GX）；日本、朝鲜半岛

（203）简无缰青尺蛾 *Hemistola unicolor* (Thierry-Mieg, 1915)

Hemithea? unicolor Thierry-Mieg, 1915: 39. **Syntypes** 2♀, China: Yunnan: Tali. (MNHN)
Hemistola unicolor: Scoble, 1999: 426.
其他文献（**Reference**）：Prout, 1933: 115; Han & Xue, 2009: 391; Han & Xue, 2011b: 419.
分布（**Distribution**）：四川（SC）、云南（YN）

（204）波无缰青尺蛾 *Hemistola veneta* (Butler, 1879)

Thalera veneta Butler, 1879a: 437. **Syntype(s)**, Japan: Yokohama. (BMNH)
Hemistola veneta: Prout, 1913c: 31.
异名（**Synonym**）：
Euchloris insolitaria Leech, 1897: 236.
别名（**Common name**）：白线青尺蛾
其他文献（**Reference**）：Leech, 1897: 236; Prout, 1935: 19; Han & Xue, 2009: 408; Han & Xue, 2011b: 420.
分布（**Distribution**）：甘肃（GS）、福建（FJ）；日本、朝鲜半岛

（205）翠缘无缰青尺蛾 *Hemistola viridimargo* Han et Xue, 2009

Hemistola viridimargo Han et Xue, 2009: 385. **Holotype** ♂, China: Yunnan: Lijiang, Yulongshan. (IZCAS)
分布（**Distribution**）：四川（SC）、云南（YN）

（206）折无缰青尺蛾 *Hemistola zimmermanni* (Hedemann, 1879)

Geometra zimmermanni Hedemann, 1879: 509. **Syntype(s)**, Russia: Amur, Chingan Mountains.
Hemistola zimmermanni: Prout, 1913c: 31.
异名（**Synonym**）：
Hemistola minutata Sterneck, 1927: 21.
其他文献（**Reference**）：Han & Xue, 2009: 406; Han & Xue, 2011b: 421.
分布（**Distribution**）：吉林（JL）、北京（BJ）、四川（SC）；俄罗斯［阿穆尔、西伯利亚（东北部）］、朝鲜半岛

折无缰青尺蛾指名亚种 *Hemistola zimmermanni zimmermanni* (Hedemann, 1879)

分布（Distribution）：黑龙江（HL）、吉林（JL）、辽宁（LN）、河北（HEB）、北京（BJ）、山西（SX）、甘肃（GS）；俄罗斯[阿穆尔、西伯利亚（东北部）]、朝鲜半岛

33. 锈腰尺蛾属 *Hemithea* Duponchel, 1829

Hemithea Duponchel, 1829: 106, 233. **Type species:** *Geometra aestivaria* Hübner, 1799.

异名（Synonym）：
Geometrina Motschulsky, 1861: 35.
Lophocrita Warren, 1894a: 389.
Mixolophia Warren, 1894a: 391.

（207）红颜锈腰尺蛾 *Hemithea aestivaria* (Hübner, 1799)

Geometra aestivaria Hübner, 1799: pl. 2, fig. 9. **Syntype(s)**, Europe.
Hemithea aestivaria: Prout, 1912: 23.

异名（Synonym）：
Phalaena (*Geometra*) *strigata* Müller, 1764: 51.
Geometrina viridescentaria Motschulsky, 1861: 36.
Nemoria alboundulata Hedemann, 1879: 511.

其他文献（Reference）：Chu, 1981: 120; Han & Xue, 2011b: 330.

分布（Distribution）：山西（SX）、甘肃（GS）；俄罗斯、日本、朝鲜半岛；欧洲

（208）奇锈腰尺蛾 *Hemithea krakenaria* Holloway, 1996

Hemithea krakenaria Holloway, 1996: 266. **Holotype** ♂, Malaysia: Borneo: Sabah. (BMNH)

其他文献（Reference）：Han & Xue, 2011b: 331.

分布（Distribution）：河南（HEN）、浙江（ZJ）、四川（SC）、云南（YN）、福建（FJ）、广西（GX）；马来西亚

（209）青颜锈腰尺蛾 *Hemithea marina* (Butler, 1878)

Thalassodes marina Butler, 1878a: 399. **Syntype(s)**, Japan: Yokohama. (BMNH)
Hemisthea marina: Prout, 1912: 23.

异名（Synonym）：
Thalera costipunctata Moore, 1887: 428.
Hemithea simplex Warren, 1897a: 40.
Jodis pariciliata Fuchs, 1902: 86.

其他文献（Reference）：Chu, 1981: 120; Han & Xue, 2011b: 332.

分布（Distribution）：湖南（HN）、四川（SC）、云南（YN）、福建（FJ）、台湾（TW）、香港（HK）；日本、朝鲜半岛、斯里兰卡、菲律宾（吕宋岛）、马来西亚（沙捞越）、印度尼西亚（苏拉威西岛、爪哇岛）

（210）赤颜锈腰尺蛾 *Hemithea pallidimunda* Inoue, 1986

Hemithea pallidimunda Inoue, 1986b: 219. **Holotype** ♂, China: Taiwan: Nantou Hsien, Lushan Spa [Rushan-Unchen]. (BMNH)

其他文献（Reference）：Wang, 1997: 102; Han & Xue, 2011b: 333.

分布（Distribution）：上海（SH）、台湾（TW）

（211）点锈腰尺蛾 *Hemithea stictochila* Prout, 1935

Hemithea stictochila Prout, 1935: 14. **Holotype** ♂, China: Yunnan: Tse-kou. (BMNH)

异名（Synonym）：
Hemithea beethoveni Inoue, 1942: 8.

其他文献（Reference）：Han & Xue, 2011b: 334.

分布（Distribution）：云南（YN）；日本

（212）星缘锈腰尺蛾 *Hemithea tritonaria* (Walker, 1863)

Thalassodes tritonaria Walker, 1863: 1560. **Holotype** ♀, China: Hong Kong. (BMNH)
Hemithea tritonaria: Prout, 1933: 115.

异名（Synonym）：
Hemithea vivida Inoue, 1961: 61.

别名（Common name）：锈腰青尺蛾

其他文献（Reference）：Wang, 1997: 101; Chu, 1981: 120; Han & Xue, 2011b: 335; Yazaki & Wang, 2011: 82.

分布（Distribution）：山西（SX）、湖南（HN）、福建（FJ）、台湾（TW）、广东（GD）、海南（HI）、香港（HK）；日本、朝鲜半岛、印度、斯里兰卡、印度尼西亚（苏拉威西岛、爪哇岛）、加里曼丹岛

34. 始青尺蛾属 *Herochroma* Swinhoe, 1893

Herochroma Swinhoe, 1893a: 148. **Type species**: *Herochroma baba* Swinhoe, 1893.
异名（Synonym）：
Chloroclydon Warren, 1894a: 464.
Archaeobalbis Prout, 1912: 24.
Neobalbis Prout, 1912: 26.
其他文献（Reference）：Inoue, 1999: 76; Pitkin, Han & James, 2007: 374.

（213）始青尺蛾 *Herochroma baba* Swinhoe, 1893

Herochroma baba Swinhoe, 1893a: 148. **Lectotype** ♂, India: Khasi Hills. (BMNH)
别名（Common name）：无脊始青尺蛾
其他文献（Reference）：Hampson, 1895b: 480; Swinhoe, 1900: 386; Chu, 1981: 115; Inoue, 1999: 87; Han, Xue & Li, 2003: 631; Han & Xue, 2011b: 120; Yazaki & Wang, 2011: 74.
分布（Distribution）：湖南（HN）、湖北（HB）、福建（FJ）、广东（GD）、广西（GX）；印度（东北部）、尼泊尔、越南、马来半岛

（214）巴始青尺蛾 *Herochroma baibarana* (Matsumura, 1931)

Dindica baibarana Matsumura, 1931: 893. **Holotype** ♂, China: Taiwan: Nantou Hsien, Puli.
Herochroma baibarana: Inoue, 1999: 90.
异名（Synonym）：
Archaeobalbis orientalis Holloway, 1982: 242.
别名（Common name）：坝始青尺蛾
其他文献（Reference）：Holloway, 1976: 59; Inoue, 1986b: 212; Holloway, 1996: 199; Han, Xue & Li, 2003: 631; Han & Xue, 2011b: 121; Yazaki & Wang, 2011: 73.
分布（Distribution）：台湾（TW）、广东（GD）；印度（东北部）、越南、泰国、斯里兰卡、马来西亚、印度尼西亚

（215）斑始青尺蛾 *Herochroma crassipunctata* (Alphéraky, 1888)

Gnophos crassipunctata Alphéraky, 1888: 68. **Lectotype** ♂, Askai. (ZIS)
Herochroma crassipunctata: Inoue, 1999: 97.
异名（Synonym）：
Archaeobalbis sordida Wehrli, 1928: 455.
其他文献（Reference）：Prout, 1912: 25; Han & Xue, 2011b: 122.
分布（Distribution）：新疆（XJ）；突厥斯坦、塔吉克斯坦、阿富汗

（216）冠始青尺蛾 *Herochroma cristata* (Warren, 1894)

Actenochroma cristata Warren, 1894a: 381. **Lectotype** ♂, Bhotan [Bhutan]. (BMNH)
Herochroma cristata: Holloway, 1996: 199.
异名（Synonym）：
Actenochroma subopalina Warren, 1894a: 382.
别名（Common name）：塔粉绿色尺蛾
其他文献（Reference）：Prout, 1930a: 127; Inoue, 1999: 94; Wang, 1997: 29; Han, Xue & Li, 2003: 636; Han & Xue, 2011b: 122.
分布（Distribution）：四川（SC）、台湾（TW）、广西（GX）、海南（HI）；印度、不丹、尼泊尔、越南（北部）、泰国、印度尼西亚

冠始青尺蛾指名亚种 *Herochroma cristata cristata* (Warren, 1894)

分布（Distribution）：四川（SC）、台湾（TW）、广西（GX）、海南（HI）；印度（东北部）、不丹、尼泊尔、越南（北部）、泰国、印度尼西亚

（217）弯脉始青尺蛾 *Herochroma curvata* Han et Xue, 2003

Herochroma curvata Han et Xue, 2003, *In*: Han, Xue & Li, 2003: 631. **Holotype** ♂, China: Hainan. (IZCAS)
其他文献（Reference）：Han & Xue, 2011b: 124.
分布（Distribution）：广西（GX）、海南（HI）

（218）巨始青尺蛾 *Herochroma mansfieldi* (Prout, 1939)

Neobalbis mansfieldi Prout, 1939: 208. **Holotype** ♀, China: Yunnan: Teng-Yuek-Ting district. (BMNH)
Herochroma mansfieldi: Holloway, 1996: 201.
别名（Common name）：迈始青尺蛾
其他文献（Reference）：Inoue, 1999: 103; Han, Xue & Li, 2003: 637; Han & Xue, 2011b: 125; Yazaki & Wang, 2011: 74.
分布（Distribution）：湖北（HB）、云南（YN）、广东（GD）

（219）赭点始青尺蛾 *Herochroma ochreipicta* (Swinhoe, 1905)

Actenochroma ochreipicta Swinhoe, 1905: 166. **Holotype** ♂, India: Khasi Hills. (BMNH)
Herochroma ochreipicta: Inoue, 1999: 86.

异名（Synonym）：
Actenochroma montana Bastelberger, 1911a: 248.
别名（Common name）：眉原粉绿尺蛾、奥始青尺蛾
其他文献（Reference）：Hampson, 1907: 52; Prout, 1912: 25; Prout, 1932: 45; Wang, 1997: 28; Han, Xue & Li, 2003: 633; Han & Xue, 2011b: 126; Yazaki & Wang, 2011: 73.
分布（Distribution）：云南（YN）、福建（FJ）、台湾（TW）、广东（GD）、广西（GX）、海南（HI）；印度（北部）、尼泊尔、越南（北部）

（220）淡色始青尺蛾 *Herochroma pallensia* Han et Xue, 2003

Herochroma pallensia Han et Xue, 2003, *In*: Han, Xue & Li, 2003: 632. **Holotype** ♂, China: Guangxi, Hunan, Fujian. (IZCAS)
其他文献（Reference）：Han & Xue, 2011b: 127.
分布（Distribution）：湖南（HN）、福建（FJ）、广西（GX）

（221）宏始青尺蛾 *Herochroma perspicillata* Han et Xue, 2003

Herochroma perspicillata Han et Xue, 2003, *In*: Han, Xue & Li, 2003: 636. **Holotype** ♂, China: Yunnan. (IZCAS)
其他文献（Reference）：Han & Xue, 2011b: 128; Yazaki & Wang, 2011: 73.
分布（Distribution）：云南（YN）、广东（GD）

（222）玫始青尺蛾 *Herochroma rosulata* Han et Xue, 2003

Herochroma rosulata Han et Xue, 2003, *In*: Han, Xue & Li, 2003: 637. **Holotype** ♂, China: Hainan. (IZCAS)
其他文献（Reference）：Han & Xue, 2011b: 128.
分布（Distribution）：海南（HI）

（223）夕始青尺蛾 *Herochroma sinapiaria* (Poujade, 1895)

Hypochroma sinapiaria Poujade, 1895a: 309. **Holotype** ♀, China (west): Sichuan: Moupin. (MNHN)
Herochroma sinapiaria: Inoue, 1999: 82.
其他文献（Reference）：Leech, 1897: 229; Prout, 1912: 25; Han, Xue & Li, 2003: 633; Han & Xue, 2011b: 129.
分布（Distribution）：陕西（SN）、湖南（HN）、四川（SC）、云南（YN）、西藏（XZ）

（224）小始青尺蛾 *Herochroma subtepens* (Walker, 1860)

Hypochroma subtepens Walker, 1860: 438. **Holotype** ♂, Malaysia: Borneo: Sarawak. (OUM)
Herochroma subtepens: Swinhoe, 1894a: 171.
异名（Synonym）：
Dindica subtepens formosicola Matsumura, 1931: 894.
其他文献（Reference）：Hampson, 1895b: 479; Swinhoe, 1900: 387; Prout, 1912: 25; Inoue, 1999: 90; Han & Xue, 2011b: 130.
分布（Distribution）：台湾（TW）；越南、马来西亚、印度尼西亚

（225）超暗始青尺蛾 *Herochroma supraviridaria* Inoue, 1999

Herochroma supraviridaria Inoue, 1999: 79. **Holotype** ♂, China: Taiwan. (BMNH)
别名（Common name）：超绿始青尺蛾、修始青尺蛾
其他文献（Reference）：Fu, Wu & Shih, 2013: 138; Han & Xue, 2011b: 131; Yazaki & Wang, 2011: 73.
分布（Distribution）：福建（FJ）、台湾（TW）、广东（GD）、广西（GX）

（226）绿始青尺蛾 *Herochroma viridaria* (Moore, 1868)

Hypochroma viridaria Moore, 1868: 632. **Syntype(s)** ♀, India: Bengal.
Herochroma viridaria: Swinhoe, 1894a: 172.
异名（Synonym）：
Actenochroma subochracea Warren, 1894a: 381.
别名（Common name）：粉绿色尺蛾、伟始青尺蛾
其他文献（Reference）：Swinhoe, 1900: 387; Prout, 1912: 25; Holloway, 1996: 198; Wang, 1997: 30; Inoue, 1999: 77; Han & Xue, 2011b: 132; Yazaki & Wang, 2011: 73.
分布（Distribution）：浙江（ZJ）、四川（SC）、福建（FJ）、广东（GD）、广西（GX）、海南（HI）；印度、尼泊尔、越南、泰国、马来西亚

绿始青尺蛾马来亚种 *Herochroma viridaria peperata* (Herbulot, 1989)

Archaeobalbis viridaria peperata Herbulot, 1989: 172. **Holotype** ♂, Peninsular Malaysia: Cameron Highlands, Strawberry Park. (ZSM)
Herochroma viridaria peperata: Inoue, 1999: 78.
其他文献（Reference）：Yazaki, 1994: 5; Han, Xue & Li, 2003: 632.
分布（Distribution）：浙江（ZJ）、四川（SC）、福建（FJ）、广东（GD）、广西（GX）、海南（HI）；越南、泰国、马来西亚

（227）克始青尺蛾 *Herochroma yazakii* Inoue, 1999

Herochroma yazakii Inoue, 1999: 78. **Holotype** ♂, Nepal: Kathmandu: Godavari.
其他文献（Reference）：Yazaki, 1992: 6; Han, Xue & Li, 2003: 633; Han & Xue, 2011b: 133.
分布（Distribution）：四川（SC）、重庆（CQ）、云南（YN）；印度、尼泊尔、泰国

35. 介青尺蛾属 *Idiochlora* Warren, 1896

Idiochlora Warren, 1896a: 107. **Type species:** *Idiochlora contracta* Warren, 1896.
异名（Synonym）：
Diplodesma Warren, 1896b: 289.
Acrortha Warren, 1896d: 361.
Halophanes Warren, 1900: 102.

(228) 小介青尺蛾 *Idiochlora minuscula* (Inoue, 1986)

Diplodesma minuscula Inoue, 1986a: 48. **Holotype** ♂, Japan: Amami-Oshima, Funchatoge (or Funcha Pass). (BMNH)
Idiochlora minuscula: Scoble, 1999: 512.
其他文献（Reference）：Han & Xue, 2011b: 425.
分布（Distribution）：香港（HK）；日本

(229) 乌苏介青尺蛾 *Idiochlora ussuriaria* (Bremer, 1864)

Jodes ussuriaria Bremer, 1864: 77. **Syntype(s)**, Russia: East Siberia, lower Ussuri, Kengka Sea.
Idiochlora ussuriaria: Holloway, 1996: 270.
异名（Synonym）：
Hemithea eluta Wileman, 1911b: 337.
其他文献（Reference）：Inoue, 1961: 64; Chu, 1981: 120; Wang, 1997: 105; Han & Xue, 2011b: 423.
分布（Distribution）：河南（HEN）、浙江（ZJ）、四川（SC）、云南（YN）、台湾（TW）；俄罗斯、日本、朝鲜半岛

乌苏介青尺蛾四川亚种 *Idiochlora ussuriaria mundaria* (Leech, 1897)

Hemithea mundaria Leech, 1897: 233. **Syntypes** 2♂1♀, China (western): Sichuan: Tachien-lu [Kangding]. (BMNH)
Idiochlora ussuriaria mundaria: Fletcher, 1979: 66.
其他文献（Reference）：Prout, 1912: 24.
分布（Distribution）：河南（HEN）、四川（SC）、云南（YN）、台湾（TW）

(230) 黄介青尺蛾 *Idiochlora xanthochlora* (Swinhoe, 1894)

Maxates xanthochlora Swinhoe, 1894b: 135. **Holotype** ♂, India: Khasi Hills, Cherrapunji. (BMNH)
Idiochlora xanthochlora: Scoble, 1999: 512.
其他文献（Reference）：Prout, 1912: 185; Han & Xue, 2011b: 425.
分布（Distribution）：海南（HI）；印度、东帝汶

黄介青尺蛾指名亚种 *Idiochlora xanthochlora xanthochlora* (Swinhoe, 1894)

分布（Distribution）：海南（HI）；印度

36. 辐射尺蛾属 *Iotaphora* Warren, 1894

Iotaphora Warren, 1894a: 384. **Type species:** *Panaethia iridicolor* Butler, 1880.
异名（Synonym）：
Iotaphora Swinhoe, 1894a: 168.
Grammicheila Staudinger, 1897: 3.

(231) 青辐射尺蛾 *Iotaphora admirabilis* (Oberthür, 1884)

Metrocampa admirabilis Oberthür, 1884: 84. **Holotype** ♀, China: Mantchourie continentale [Northeast China]. (ZFMK)
Iotaphora admirabilis: Prout, 1912: 18.
别名（Common name）：华丽尺蛾
其他文献（Reference）：Chu, 1981: 116; Han & Xue, 2011b: 563.
分布（Distribution）：黑龙江（HL）、吉林（JL）、辽宁（LN）、北京（BJ）、山西（SX）、河南（HEN）、陕西（SN）、甘肃（GS）、浙江（ZJ）、江西（JX）、湖南（HN）、湖北（HB）、四川（SC）、云南（YN）、福建（FJ）、广西（GX）；朝鲜半岛、俄罗斯（远东地区、乌苏里地区）、越南

(232) 黄辐射尺蛾 *Iotaphora iridicolor* (Butler, 1880)

Panaethia iridicolor Butler, 1880: 227. **Syntypes** ♂, India: Darjeeling. (BMNH)
Iotaphora iridicolor: Warren, 1894a: 384.
其他文献（Reference）：Chu, 1981: 116; Han & Xue, 2011b: 565.
分布（Distribution）：云南（YN）、西藏（XZ）；印度、尼泊尔、缅甸、越南

37. 突尾尺蛾属 *Jodis* Hübner, 1823

Jodis Hübner, 1823: 286. **Type species:** *Geometra aeruginaria* Denis *et* Schiffermüller, 1775 [=*Phalaena* (*Geometra*) *lactearia* Linnaeus, 1758]
Pareuchloris Warren, 1894a: 386.
Leucoglyphica Warren, 1894a: 391.

(233) 白斑突尾尺蛾 *Jodis albipuncta* Warren, 1898

Jodis (as *Iodis*) *albipuncta* Warren, 1898a: 13. **Syntypes** 2♂, India: Khasi Hills. (BMNH)
别名（**Common name**）：白斑娇尺蛾
其他文献（**Reference**）：Prout, 1934: 126; Yazaki & Wang, 2011: 83.
分布（**Distribution**）：广东（GD）；印度

(234) 银线突尾尺蛾 *Jodis argentilineata* (Wileman, 1916)

Geometra argentilineata Wileman, 1916: 37. **Holotype** ♀, China: Formosa [Taiwan]: Arizan. (BMNH)
Jodis argentilineata: Inoue, 1992a: 121.
别名（**Common name**）：细白波纹突尾尺蛾
其他文献（**Reference**）：Prout, 1934: 125; Wang, 1997: 81; Han & Xue, 2011b: 429.
分布（**Distribution**）：湖南（HN）、台湾（TW）

(235) 藕色突尾尺蛾 *Jodis argutaria* (Walker, 1866)

Thalera argutaria Walker, 1866: 1614. **Holotype** ♀, North Hindostan [India]. (BMNH)
Jodis argutaria: Inoue, 1961: 52.
异名（**Synonym**）：
Gelasma concolor Warren, 1893: 352.
Thalera sinuosaria Leech, 1897: 244.
其他文献（**Reference**）：Prout, 1934: 125; Chu, 1981: 117; Han & Xue, 2011b: 430.
分布（**Distribution**）：陕西（SN）、甘肃（GS）、浙江（ZJ）、湖南（HN）、湖北（HB）、四川（SC）、云南（YN）、西藏（XZ）、台湾（TW）；日本、朝鲜半岛、印度

(236) 迁突尾尺蛾 *Jodis ctila* (Prout, 1926)

Iodis ctila Prout, 1926: 134. **Syntypes** 10♂♀, Burma (upper): Hpimaw Fort; Htawgaw; Nagrispur: Turzum Tea Estate. (BMNH)
Jodis ctila: Scoble, 1999: 527.
其他文献（**Reference**）：Han & Xue, 2011b: 432.
分布（**Distribution**）：云南（YN）、西藏（XZ）；印度、缅甸

(237) 怡突尾尺蛾 *Jodis delicatula* (Warren, 1896)

Iodis delicatula Warren, 1896c: 309. **Syntypes** ♂♀, India: Khasi Hills. (BMNH)
Jodis delicatula: Scoble, 1999: 527.
其他文献（**Reference**）：Han & Xue, 2011b: 433.
分布（**Distribution**）：云南（YN）；印度、尼泊尔

(238) 齿突尾尺蛾 *Jodis dentifascia* (Warren, 1897)

Iodis dentifascia Warren, 1897b: 212. **Holotype** ♂, Japan. (BMNH)
Jodis dentifascia: Inoue, 1961: 53.
其他文献（**Reference**）：Han & Xue, 2011b: 434.
分布（**Distribution**）：浙江（ZJ）；日本、朝鲜半岛

(239) 白波纹突尾尺蛾 *Jodis inumbrata* (Warren, 1896)

Iodis inumbrata Warren, 1896a: 107. **Syntypes** ♂♀, India: Khasi Hills. (BMNH)
Jodis inumbrata: Scoble, 1999: 527.
其他文献（**Reference**）：Han & Xue, 2011b: 435.
分布（**Distribution**）：四川（SC）、台湾（TW）；印度、缅甸

(240) 虹突尾尺蛾 *Jodis iridescens* (Warren, 1896)

Jodis (as *Iodis*) *iridescens* Warren, 1896a: 108. **Holotype** ♂, India: Khasi Hills. (BMNH)
Maxates iridescens: Scoble, 1999: 578.
别名（**Common name**）：易尖尾尺蛾
其他文献（**Reference**）：Prout, 1934: 125; Han & Xue, 2011b: 436; Yazaki & Wang, 2011: 83.
分布（**Distribution**）：四川（SC）、云南（YN）、广东（GD）；印度

(241) 奇突尾尺蛾 *Jodis irregularis* (Warren, 1894)

Gelasma irregularis Warren, 1894a: 392. **Holotype** ♂, Bhutan. (BMNH)
Jodis irregularis: Scoble, 1999: 527.
其他文献（**Reference**）：Prout, 1934: 126; Han & Xue, 2011b: 437.
分布（**Distribution**）：陕西（SN）、四川（SC）、云南（YN）；印度、不丹、缅甸

(242) 青突尾尺蛾 *Jodis lactearia* (Linnaeus, 1758)

Phalaena (*Geometra*) *lactearia* Linnaeus, 1758: 519. **Syntype(s)**. (LSL)

Jodis lactearia: Inoue, 1961: 51.
异名（**Synonym**）：
Phalaena (*Geometra*) *vernaria* Linnaeus, 1761: 323.
Geometra aeruginaria Denis et Schiffermüller, 1775: 314.
Phalaena lactea Fourcroy, 1785: 273.
Phalaena (*Geometra*) *decolorata* Villers, 1789: 385.
其他文献（**Reference**）：Prout, 1913c: 32; Chu, 1981: 117; Han & Xue, 2011b: 438.
分布（**Distribution**）：北京（BJ）、浙江（ZJ）、湖南（HN）、四川（SC）；俄罗斯、日本、朝鲜半岛；欧洲

青突尾尺蛾指名亚种 *Jodis lactearia lactearia* (Linnaeus, 1758)
分布（**Distribution**）：北京（BJ）、浙江（ZJ）、湖南（HN）、四川（SC）；俄罗斯、日本、朝鲜半岛；欧洲

（243）小白波纹突尾尺蛾 *Jodis nanda* (Walker, 1861)
Thalassodes nanda Walker, 1861: 552. **Holotype** ♂, Ceylon [Sri Lanka].
Jodis nanda: Inoue, 1992a: 121.
异名（**Synonym**）：
Iodis micra Warren, 1897b: 212.
其他文献（**Reference**）：Prout, 1934: 126; Wang, 1997: 83; Han & Xue, 2011b: 439.
分布（**Distribution**）：台湾（TW）、广东（GD）、香港（HK）；印度、缅甸、斯里兰卡、马来西亚（沙捞越）、印度尼西亚（巴厘岛、苏拉威西岛）

（244）雪脉突尾尺蛾 *Jodis niveovenata* (Oberthür, 1916)
Iodis niveovenata Oberthür, 1916: 115. **Holotype** ♀, China: Sichuan: Siao-lou. (ZFMK)
Jodis niveovenata: Scoble, 1999: 527.
其他文献（**Reference**）：Han & Xue, 2011b: 440.
分布（**Distribution**）：四川（SC）、云南（YN）

（245）峨眉突尾尺蛾 *Jodis omeiensis* (Chu, 1981)
Gelasma omeiensis Chu, 1981: 116. **Holotype** ♂, China: Sichuan: Emeishan. (IZCAS)
别名（**Common name**）：峨眉尖尾尺蛾
其他文献（**Reference**）：Han & Xue, 2011b: 440.
分布（**Distribution**）：四川（SC）

（246）东方突尾尺蛾 *Jodis orientalis* Wehrli, 1923
Jodis putata orientalis Wehrli, 1923: 62. **Syntypes** including 1♂4♀, China: Shanghai [Shanghai]: Mokanschan. (ZFMK)
Jodis orientalis: Beljaev, 2007: 55.
分布（**Distribution**）：上海（SH）、浙江（ZJ）、湖南（HN）；俄罗斯、日本、朝鲜半岛

（247）岩突尾尺蛾 *Jodis praerupta* (Butler, 1878)
Thalassodes praerupta Butler, 1878b: 49. **Syntypes** ♂(♀), Japan: Yokohama. (BMNH)
Jodis praerupta: Inoue, 1961: 52.
异名（**Synonym**）：
Jodis steroparia Püngeler, 1909: 292.
其他文献（**Reference**）：Prout, 1913c: 32; Han & Xue, 2011b: 441.
分布（**Distribution**）：华西；俄罗斯（阿穆尔）、日本、朝鲜半岛

（248）恋突尾尺蛾 *Jodis rantaizanensis* (Wileman, 1916)
Gelasma rantaizanensis Wileman, 1916: 37. **Holotype** ♀, China: Formosa [Taiwan]: Rantaizan. (BMNH)
Jodis rantaizanensis: Inoue, 1992a: 121.
别名（**Common name**）：恋大山突尾尺蛾
其他文献（**Reference**）：Prout, 1934: 125; Wang, 1997: 82; Han & Xue, 2011b: 443.
分布（**Distribution**）：台湾（TW）；日本

（249）亚突尾尺蛾 *Jodis subtractata* (Walker, 1863)
Thalera? *subtractata* Walker, 1863: 1753. **Holotype** ♀, Hindostan [India]. (BMNH)
Jodis subtractata: Holloway, 1996: 284.
其他文献（**Reference**）：Prout, 1934: 125; Han & Xue, 2011b: 444.
分布（**Distribution**）：海南（HI）；印度（北部、安达曼群岛、锡金）、缅甸、喜马拉雅山脉（东北部）（国外部分）、菲律宾（吕宋岛）、马来西亚（沙捞越）、文莱、印度尼西亚（巴厘岛、苏门答腊岛）、加里曼丹岛

亚突尾尺蛾指名亚种 *Jodis subtractata subtractata* (Walker, 1863)
分布（**Distribution**）：海南（HI）；印度（北部、安达曼群岛、锡金）、缅甸、喜马拉雅山脉（东北部）（国外部分）、菲律宾（吕宋岛）

（250）西藏突尾尺蛾 *Jodis tibetana* Chu, 1982
Jodis tibetana Chu, 1982: 108. **Holotype** ♀, China: Xizang (Tibet): Gyirong Tudan. (IZCAS)
其他文献（**Reference**）：Han & Xue, 2011b: 445.
分布（**Distribution**）：西藏（XZ）

（251）幻突尾尺蛾 *Jodis undularia* (Hampson, 1891)
Thalera undularia Hampson, 1891: 28, 109. **Syntypes** ♂♀,

India: Nilgiri district, N slopes. (BMNH)
Jodis undularia: Scoble, 1999: 528.
其他文献（Reference）：Prout, 1934: 126; Han & Xue, 2011b: 446.
分布（Distribution）：浙江（ZJ）、湖北（HB）、四川（SC）、台湾（TW）、海南（HI）；印度、斯里兰卡

38. 巨青尺蛾属 *Limbatochlamys* Rothschild, 1894

Limbatochlamys Rothschild, 1894: 540. **Type species:** *Limbatochlamys rosthorni* Rothschild, 1894.
其他文献（Reference）：Han, Galsworthy & Xue, 2005b: 192; Pitkin, Han & James, 2007: 381.

（252）异巨青尺蛾 *Limbatochlamys pararosthorni* Han et Xue, 2005
Limbatochlamys pararosthorni Han et Xue, 2005b, *In*: Han, Galsworthy & Xue, 2005b: 197. **Holotype** ♂, China: Shaanxi: Ningshan. (IZCAS)
其他文献（Reference）：Han & Xue, 2011b: 137.
分布（Distribution）：陕西（SN）、四川（SC）

（253）小巨青尺蛾 *Limbatochlamys parvisis* Han et Xue, 2005
Limbatochlamys parvisis Han et Xue, 2005b, *In*: Han, Galsworthy & Xue, 2005b: 197. **Holotype** ♂, China: Yunnan: Zhongdian. (IZCAS)
其他文献（Reference）：Han & Xue, 2011b: 138.
分布（Distribution）：云南（YN）

（254）中国巨青尺蛾 *Limbatochlamys rosthorni* Rothschild, 1894
Limbatochlamys rosthorni Rothschild, 1894: 540. **Lectotype** ♂, China: Interior of China (West of Ichang?). (BMNH)
其他文献（Reference）：Chu, 1981: 120; Han, Galsworthy & Xue, 2005b: 194; Han & Xue, 2011b: 136; Yazaki & Wang, 2011: 78.
分布（Distribution）：陕西（SN）、甘肃（GS）、江苏（JS）、上海（SH）、浙江（ZJ）、江西（JX）、湖南（HN）、湖北（HB）、四川（SC）、重庆（CQ）、云南（YN）、福建（FJ）、广东（GD）、广西（GX）

39. 镶纹绿尺蛾属 *Linguisaccus* Han, Galsworthy *et* Xue, 2012

Linguisaccus Han, Galsworthy *et* Xue, 2012: 761. **Type species:** *Comostolodes subhyalina* Warren, 1899.

（255）小镶纹绿尺蛾 *Linguisaccus minor* Han, Galsworthy *et* Xue, 2012
Linguisaccus minor Han, Galsworthy *et* Xue, 2012: 762. **Holotype** ♂, China: Hainan: Lingshui, Diaoluoshan. (IZCAS)
分布（Distribution）：海南（HI）

（256）镶纹绿尺蛾 *Linguisaccus subhyalina* (Warren, 1899)
Comostolodes subhyalina Warren, 1899: 22. **Syntype(s)**, India (north). (BMNH)
Linguisaccus subhyalina: Han, Galsworthy & Xue, 2012: 762.
其他文献（Reference）：Prout, 1933: 91; Chu, 1981: 121; Han & Xue, 2011b: 296.
分布（Distribution）：湖北（HB）、四川（SC）、云南（YN）、西藏（XZ）、广西（GX）；印度、尼泊尔、巴基斯坦

40. 冠尺蛾属 *Lophophelma* Prout, 1912

Lophophelma Prout, 1912: 40. **Type species:** *Hypochroma vigens* Butler, 1880.
其他文献（Reference）：Pitkin, Han & James, 2007: 381.

（257）美冠尺蛾 *Lophophelma calaurops* (Prout, 1912)
Terpna (*Lophophelma*) *calaurops* Prout, 1912: 41. **Holotype** ♂, China: Hong Kong. (BMNH)

Lophophelma calaurops: Scoble, 1999: 555.
别名（Common name）：滨海垂耳尺蛾
其他文献（Reference）：Chu, 1981: 114; Han & Xue, 2011b: 140.
分布（Distribution）：福建（FJ）、广东（GD）、海南（HI）、香港（HK）

(258) 缘冠尺蛾 *Lophophelma costistrigaria* (Moore, 1868)

Hypochroma costistrigaria Moore, 1868: 633. **Syntype(s)** ♂, India: Bengal. (BMNH)
Lophophelma costistrigaria: Pitkin, Han & James, 2007: 382.
其他文献（Reference）：Moore, 1888: 248; Hampson, 1895b: 474; Prout, 1912: 40; Scoble, 1999: 689; Han & Xue, 2011b: 141.
分布（Distribution）：广西（GX）；印度、不丹、越南（北部）

(259) 川冠尺蛾 *Lophophelma erionoma* (Swinhoe, 1893)

Pachyodes erionoma Swinhoe, 1893b: 219. **Syntype(s)** ♂, India: Khasi Hills. (BMNH)
Lophophelma erionom: Scoble, 1999: 555.
异名（Synonym）：
Terpna furvirubens Prout, 1934: 140.
别名（Common name）：埃冠尺蛾
其他文献（Reference）：Prout, 1912: 40; Han & Xue, 2011b: 143; Yazaki & Wang, 2011: 76.
分布（Distribution）：浙江（ZJ）、江西（JX）、湖南（HN）、四川（SC）、福建（FJ）、广东（GD）、广西（GX）、海南（HI）；印度、马来西亚、印度尼西亚

川冠尺蛾江西亚种 *Lophophelma erionoma kiangsiensis* (Chu, 1981)

Terpna erionoma kiangsiensis Chu, 1981: 114. **Holotype** ♂. China: Jiangxi. (IZCAS)
Lophophelma erionoma kiangsiensis: Pitkin, Han & James, 2007: 382.
别名（Common name）：江西垂耳尺蛾
其他文献（Reference）：Chu, 1981: 114.
分布（Distribution）：浙江（ZJ）、江西（JX）

川冠尺蛾四川亚种 *Lophophelma erionoma suonubigosa* (Prout, 1932)

Terpna erionoma subnubigosa Prout, 1932: 56. **Holotype** ♂, China (west): Sichuan: Omei-shan. (BMNH)
Lophophelma erionoma subnubigosa: Scoble, 1999: 555.
异名（Synonym）：
Terpna erionoma imitaria Sterneck, 1928: 133.
别名（Common name）：四川垂耳尺蛾
其他文献（Reference）：Chu, 1981: 114.

分布（Distribution）：湖南（HN）、湖北（HB）、四川（SC）、福建（FJ）、广西（GX）、海南（HI）

(260) 索冠尺蛾 *Lophophelma funebrosa* (Warren, 1896)

Terpna funebrosa Warren, 1896c: 308. **Syntypes** ♂, India: Khasi Hills. (BMNH)
Lophophelma funebrosa: Holloway, 1996: 212.
其他文献（Reference）：Han & Xue, 2011b: 145.
分布（Distribution）：广东（GD）；印度、泰国、马来西亚、文莱、印度尼西亚

索冠尺蛾指名亚种 *Lophophelma funebrosa funebrosa* (Warren, 1896)

分布（Distribution）：广东（GD）；印度、泰国（北部）、马来西亚、文莱、印度尼西亚

(261) 江浙冠尺蛾 *Lophophelma iterans* (Prout, 1926)

Terpna iterans iterans Prout, 1926: 2. **Holotype** ♂, China: district of Shanghai. (BMNH)
Lophophelma iterans: Pitkin, Han & James, 2007: 383.
别名（Common name）：明线垂耳尺蛾、浙江垂耳尺蛾
其他文献（Reference）：Inoue, 1992a: 120; Xue, 1992: 811; Wang, 1997: 38; Chu, 1981: 115; Scoble, 1999: 690; Han & Xue, 2011b: 147; Yazaki & Wang, 2011: 75.
分布（Distribution）：河南（HEN）、陕西（SN）、甘肃（GS）、上海（SH）、浙江（ZJ）、江西（JX）、湖南（HN）、湖北（HB）、四川（SC）、福建（FJ）、台湾（TW）、广东（GD）、广西（GX）、海南（HI）；越南（北部）

江浙冠尺蛾指名亚种 *Lophophelma iterans iterans* (Prout, 1926)

别名（Common name）：江浙垂耳尺蛾
分布（Distribution）：河南（HEN）、陕西（SN）、甘肃（GS）、上海（SH）、浙江（ZJ）、江西（JX）、湖南（HN）、湖北（HB）、四川（SC）、福建（FJ）、广西（GX）、海南（HI）；越南（北部）

江浙冠尺蛾台湾亚种 *Lophophelma iterans onerosus* (Inoue, 1970)

Terpna iterans onerosus Inoue, 1970: 4. **Holotype** ♂, China: Formosa [Taiwan]: Nan-Tow, Wushe.
Lophophelma iterans onerosus: Pitkin, Han & James, 2007: 383.
其他文献（Reference）：Inoue, 1992a: 120; Scoble, 1999: 690.
分布（Distribution）：台湾（TW）

(262) 屏边冠尺蛾 *Lophophelma pingbiana* (Chu, 1981)

Terpna pingbiana Chu, 1981: 115. **Holotype** ♀, China:

Yunnan: Pingbian. (IZCAS)
Lophophelma pingbiana: Pitkin, Han & James, 2007: 383.
别名（Common name）：屏边垂耳尺蛾
其他文献（Reference）：Han & Xue, 2011b: 149.
分布（Distribution）：云南（YN）

（263）台湾冠尺蛾 *Lophophelma taiwana* (Wileman, 1912)

Pachyodes taiwana Wileman, 1912: 259. **Syntypes** 2♂, China: Formosa [Taiwan]: Kanshirei. (BMNH)
Lophophelma taiwana: Pitkin, Han & James, 2007: 383.
别名（Common name）：台湾垂耳尺蛾
其他文献（Reference）：Prout, 1932: 56; Wang, 1997: 37; Scoble, 1999: 690; Han & Xue, 2011b: 150.
分布（Distribution）：台湾（TW）

（264）双线冠尺蛾 *Lophophelma varicoloraria* (Moore, 1868)

Hypochroma varicoloraria Moore, 1868: 633. **Syntype(s)** ♂, India: Bengal.
Lophophelma varicoloraria: Pitkin, Han & James, 2007: 383.
别名（Common name）：异色冠尺蛾、双线垂耳尺蛾
其他文献（Reference）：Hampson, 1895b: 475; Warren, 1898b: 233; Prout, 1912: 40; Chu, 1981: 115; Scoble, 1999: 690; Han & Xue, 2011b: 151; Yazaki & Wang, 2011: 75.
分布（Distribution）：北京（BJ）、江西（JX）、湖南（HN）、四川（SC）、西藏（XZ）、广东（GD）、广西（GX）、海南（HI）；印度、尼泊尔、马来西亚、印度尼西亚

41. 芦青尺蛾属 *Louisproutia* Wehrli, 1932

Louisproutia Wehrli, 1932: 220. **Type species**: *Louisproutia pallescens* Wehrli, 1932.

（265）褐色芦青尺蛾 *Louisproutia pallescens* Wehrli, 1932

Louisproutia pallescens Wehrli, 1932: 220. **Syntypes** 22♂2♀, China: Szechwan [Sichuan]: Siao-lu; Tseku; Kunkalashan; Tukakeo. (BMNH, ZFMK).
其他文献（Reference）：Han & Xue, 2011b: 571.
分布（Distribution）：山西（SX）、陕西（SN）、湖南（HN）、四川（SC）、云南（YN）、西藏（XZ）

42. 尖尾尺蛾属 *Maxates* Moore, 1887

Maxates Moore, 1887: 436. **Type species**: *Thalassodes coelataria* Walker, 1861.
异名（Synonym）：
Gelasma Warren, 1893: 352.
Thalerura Warren, 1894a: 392.
Thalerura Swinhoe, 1894a: 175.
其他文献（Reference）：Inoue, 1989: 245.

（266）庐山尖尾尺蛾 *Maxates acutigoniata* (Inoue, 1989)

Gelasma acutigoniata Inoue, 1989: 253. **Holotype** ♂, China: Taiwan: Nantou Hsien, Lushan Spa. (BMNH)
Maxates acutigoniata: Holloway, 1996: 274.
其他文献（Reference）：Wang, 1997: 89; Han & Xue, 2011b: 450.
分布（Distribution）：台湾（TW）

（267）丛尖尾尺蛾 *Maxates acutissima* (Walker, 1861)

Thalera acutissima Walker, 1861: 596. **Syntypes** 2♀, Ceylon [Sri Lanka]. (BMNH)
Maxates acutissima: Holloway, 1996: 274.
其他文献（Reference）：Prout, 1912: 147; Han & Xue, 2011b: 451.
分布（Distribution）：四川（SC）、海南（HI）、香港（HK）；斯里兰卡

丛尖尾尺蛾海南亚种 *Maxates acutissima perplexata* (Prout, 1933)

Gelasma goniaria perplexata Prout, 1933: 95. **Holotype** ♂, China: Hainan: Cheng Mai. (BMNH)
Maxates acutissima perlexata: Holloway, 1996: 274.
分布（Distribution）：四川（SC）、海南（HI）、香港（HK）

（268）谬尖尾尺蛾 *Maxates acyra* (Prout, 1935)

Hemistola acyra Prout, 1935: 20. **Syntypes** 4♂, China: Sichuan: Mt. Omei. (BMNH)
Maxates acyra: Han & Xue, 2009: 409.
其他文献（Reference）：Han & Xue, 2011b: 452.
分布（Distribution）：四川（SC）

（269）鹊尖尾尺蛾 *Maxates adaptaria* (Prout, 1933)

Gelasma submacularia adaptaria Prout, 1933: 94. **Syntypes**, India: Khasi Hills. (BMNH)

Maxates adaptaria: Holloway, 1996: 274.

其他文献（**Reference**）：Han & Xue, 2011b: 453.

分布（Distribution）：黑龙江（HL）；印度

（270）麻尖尾尺蛾 *Maxates albistrigata* (Warren, 1895)

Gelasma albistrigata Warren, 1895: 89. **Syntypes** ♂♀, Japan. (BMNH)

Maxates albistrigata: Holloway, 1996: 274.

其他文献（**Reference**）：Leech, 1897: 242; Han & Xue, 2011b: 454.

分布（Distribution）：甘肃（GS）、湖南（HN）；日本、朝鲜半岛

（271）疑尖尾尺蛾 *Maxates ambigua* (Butler, 1878)

Thalassodes ambigua Butler, 1878b: 49. **Syntype(s)**, Japan: Yokohama. (BMNH)

Maxates ambigua: Holloway, 1996: 274.

别名（**Common name**）：锯波尖尾蛾

其他文献（**Reference**）：Leech, 1897: 244; Swinhoe, 1902: 674; Inoue, 1989: 251; Wang, 1997: 87; Han & Xue, 2011b: 454.

分布（Distribution）：江苏（JS）、浙江（ZJ）、湖南（HN）、云南（YN）、福建（FJ）、台湾（TW）、广东（GD）；日本、朝鲜半岛

（272）吉尖尾尺蛾 *Maxates auspicata* (Prout, 1917)

Gelasma auspicata Prout, 1917b: 295. **Holotype** ♂, India: Khasi Hills. (BMNH)

Maxates auspicata: Holloway, 1996: 274.

其他文献（**Reference**）：Han & Xue, 2011b: 455.

分布（Distribution）：江西（JX）、云南（YN）、海南（HI）；印度

（273）短尖尾尺蛾 *Maxates brachysoma* (Prout, 1935)

Gelasma brachysoma Prout, 1935: 13. **Holotype** ♂, China: Szechuan [Sichuan]: Tachien-lu [Kangding]. (BMNH)

Maxates brachysoma: Holloway, 1996: 274.

其他文献（**Reference**）：Han & Xue, 2011b: 456.

分布（Distribution）：甘肃（GS）、四川（SC）

（274）小尖尾尺蛾 *Maxates brevicaudata* Galsworthy, 1997

Maxates brevicaudata Galsworthy, 1997: 129. **Holotype** ♂, China: Hong Kong: Victoria Peak. (BMNH)

其他文献（**Reference**）：Han & Xue, 2011b: 457.

分布（Distribution）：香港（HK）

（275）锯翅尖尾尺蛾 *Maxates coelataria* (Walker, 1861)

Thalassodes coelataria Walker, 1861: 552. **Holotype** ♂, Ceylon [Sri Lanka]. (BMNH)

Maxates coelataria: Prout, 1912: 163.

异名（**Synonym**）：

Maxates coelataria trychera Prout, 1933: 111.

别名（**Common name**）：锯翅青尺蛾

其他文献（**Reference**）：Chu, 1981: 119; Han & Xue, 2011b: 458.

分布（Distribution）：广东（GD）、海南（HI）；印度、缅甸、越南、斯里兰卡、马来西亚、新加坡、加里曼丹岛

（276）小青尖尾尺蛾 *Maxates dissimulata* (Walker, 1861)

Thalassodes dissimulata Walker, 1861: 551. **Holotype** ♂, Hindostan [India]. (BMNH)

Maxates dissimulata: Holloway, 1996: 274.

异名（**Synonym**）：

Thaleura marginata Warren, 1894a: 392.

Gelasma semiprotrusa Inoue, 1989: 266.

其他文献（**Reference**）：Prout, 1912: 147; Han & Xue, 2011b: 459.

分布（Distribution）：上海（SH）、台湾（TW）；日本、印度、不丹、缅甸、斯里兰卡

（277）斜尖尾尺蛾 *Maxates dysgenes* (Prout, 1916)

Gelasma dysgenes Prout, 1916a: 13. **Holotype** ♂, China: Tibet: Vrianatong. (BMNH)

Maxates dysgenes: Holloway, 1996: 274.

其他文献（**Reference**）：Han & Xue, 2011b: 460.

分布（Distribution）：西藏（XZ）、福建（FJ）

（278）巴陵尖尾尺蛾 *Maxates extrambigua* (Inoue, 1989)

Gelasma extrambigua Inoue, 1989: 252. **Holotype** ♂, China: Taiwan: Taoyuan Hsien, Paleng. (BMNH)

Maxates extrambigua: Holloway, 1996: 274.

其他文献（**Reference**）：Wang, 1997: 88; Han & Xue, 2011b: 461.

分布（Distribution）：台湾（TW）

（279）鞭尖尾尺蛾 *Maxates flagellaria* (Poujade, 1895)

Hemithea flagellaria Poujade, 1895b: 56. **Syntypes** 2♂, China: Sichuan: Moupin. (MNHN)

Maxates flagellaria: Holloway, 1996: 274.

其他文献（Reference）：Prout, 1913c: 22; Han & Xue, 2011b: 461.

分布（Distribution）：陕西（SN）、四川（SC）、云南（YN）

(280) 肖灰尖尾尺蛾 *Maxates glaucaria* (Walker, 1866)

Thalera glaucaria Walker, 1866: 1613. **Holotype** ♂, North Hindostan [India]. (BMNH)

Maxates glaucaria: Holloway, 1996: 274.

别名（**Common name**）：微尖尾尺蛾

其他文献（Reference）：Moore, 1868: 638; Prout, 1912: 147; Inoue, 1978: 212; Chu, 1981: 116; Wang, 1997: 86; Han & Xue, 2011b: 462.

分布（Distribution）：湖南（HN）、四川（SC）、西藏（XZ）、台湾（TW）；日本、印度、不丹、尼泊尔

(281) 续尖尾尺蛾 *Maxates grandificaria* (Graeser, 1890)

Nemoria grandificaria Graeser, 1890a: 266. **Holotype** ♂, Russia: Amurlandes, Ussuri.

Maxates grandificaria: Holloway, 1996: 274.

异名（**Synonym**）：

Thalera colataria Leech, 1897: 245.

别名（**Common name**）：青灰玑尺蛾、波缘尖尾尺蛾

其他文献（Reference）：Staudinger, 1897: 2; Prout, 1912: 148; Inoue, 1989: 268; Wang, 1997: 98; Han & Xue, 2011b: 463.

分布（Distribution）：山东（SD）、河南（HEN）、甘肃（GS）、江苏（JS）、上海（SH）、浙江（ZJ）、湖南（HN）、湖北（HB）、四川（SC）、台湾（TW）；俄罗斯［西伯利亚（东南部）］、日本、朝鲜半岛

(282) 华尖尾尺蛾 *Maxates habra* (Prout, 1933)

Gelasma habra Prout, 1933: 96. **Holotype** ♂, China: Szechuan [Sichuan]: Kwanhsien. (BMNH)

Maxates habra: Holloway, 1996: 274.

其他文献（Reference）：Han & Xue, 2011b: 464.

分布（Distribution）：四川（SC）

(283) 绿尖尾尺蛾 *Maxates hemitheoides* (Prout, 1916)

Gelasma hemitheoides Prout, 1916b: 206. **Holotype** ♂, India: Khasis [Khasi Hills]: Shillong. (BMNH)

Maxates hemitheoides: Holloway, 1996: 274.

其他文献（Reference）：Chu, 1981: 116; Han & Xue, 2011b: 465.

分布（Distribution）：西藏（XZ）；印度

(284) 青尖尾尺蛾 *Maxates illiturata* (Walker, 1863)

Thalassodes illiturata Walker, 1863: 1563. **Holotype** ♂, China: Shanghai. (BMNH)

Maxates illiturata: Holloway, 1996: 274.

异名（**Synonym**）：

Hemithea sasakii Matsumura, 1917: 624.

别名（**Common name**）：尖尾尺蛾、褐缘尖尾尺蛾

其他文献（Reference）：Prout, 1912: 147; Chu, 1981: 117; Inoue, 1989: 259; Wang, 1997: 92; Han & Xue, 2011b: 466.

分布（Distribution）：江苏（JS）、上海（SH）、湖南（HN）、福建（FJ）、台湾（TW）；日本、朝鲜半岛

(285) 黄星尖尾尺蛾 *Maxates lactipuncta* (Inoue, 1989)

Gelasma lactipuncta Inoue, 1989: 269. **Holotype** ♂, China: Taiwan: Chiayi Hsien, Fenchihu. (BMNH)

Maxates lactipuncta Holloway, 1996: 274.

其他文献（Reference）：Wang, 1997: 99; Han & Xue, 2011b: 467.

分布（Distribution）：台湾（TW）

(286) 悦尖尾尺蛾 *Maxates macariata* (Walker, 1863)

Thalassodes macariata Walker, 1863: 1562. **Holotype** ♂, Bangladesh: Silhet [Sylhet]. (BMNH)

Maxates macariata: Prout, 1912: 163.

其他文献（Reference）：Han & Xue, 2011b: 468.

分布（Distribution）：云南（YN）；印度、孟加拉国

(287) 平波尖尾尺蛾 *Maxates microdonta* (Inoue, 1989)

Gelasma microdonta Inoue, 1989: 255. **Holotype** ♂, China: Taiwan: Nantou Hsien, Lushan Spa. (BMNH)

Maxates microdonta: Holloway, 1996: 274.

其他文献（Reference）：Wang, 1997: 90; Han & Xue, 2011b: 469.

分布（Distribution）：台湾（TW）、香港（HK）

(288) 线尖尾尺蛾 *Maxates protrusa* (Butler, 1878)

Thalera protrusa Butler, 1878b: 50. **Syntypes** ♂♀, Japan: Yokohama. (BMNH)

Maxates protrusa: Holloway, 1996: 274.

别名（**Common name**）：红缘尖尾尺蛾

其他文献（Reference）：Prout, 1912: 147; Chu, 1981: 117; Inoue, 1989: 261; Wang, 1997: 94; Han & Xue, 2011b: 469.

分布（Distribution）：黑龙江（HL）、山西（SX）、江苏（JS）、浙江（ZJ）、湖南（HN）、福建（FJ）、台湾（TW）、广西（GX）；俄罗斯［西伯利亚（东南部）］、日本、朝鲜半岛

(289) 隐纹尖尾尺蛾 *Maxates quadripunctata* (Inoue, 1989)

Gelasma quadripunctata Inoue, 1989: 260. **Holotype** ♂, China: Taiwan: Chiai Hsien, Shihtyulu. (BMNH)

Maxates quadripunctata: Holloway, 1996: 274.

其他文献（Reference）：Wang, 1997: 93; Han & Xue, 2011b:

470.

分布（Distribution）：四川（SC）、台湾（TW）、广西（GX）

(290) 红脸尖尾尺蛾 *Maxates rufolimbata* (Inoue, 1989)

Gelasma rufolimbata Inoue, 1989: 264. **Holotype** ♂, China: Taiwan: Hualien Hsien, Winshan, 580 m. (BMNH)
Maxates rufolimbata: Holloway, 1996: 274.
其他文献（Reference）：Wang, 1997: 96; Han & Xue, 2011b: 471.
分布（Distribution）：台湾（TW）

(291) 丽尖尾尺蛾 *Maxates saturatior* (Prout, 1935)

Gelasma saturatior Prout, 1935: 13. **Holotype** ♂, China: Szechwan [Sichuan]: Tachien-lu [Kangding]. (BMNH)
Maxates saturatior: Holloway, 1996: 274.
其他文献（Reference）：Han & Xue, 2011b: 472.
分布（Distribution）：四川（SC）

(292) 齿纹尖尾尺蛾 *Maxates sinuolata* (Inoue, 1989)

Gelasma sinuolata Inoue, 1989: 263. **Holotype** ♂, China: Taiwan: Chiai Hsien, Mt Alishan. (BMNH)
Maxates sinuolata: Holloway, 1996: 274.
其他文献（Reference）：Wang, 1997: 95; Han & Xue, 2011b: 473.
分布（Distribution）：台湾（TW）

(293) 斑尖尾尺蛾 *Maxates submacularia* (Leech, 1897)

Thalassodes submacularia Leech, 1897: 242. **Syntypes** 1♂1♀, China (western): Sichuan: Moupin, Omei-shan. (BMNH)
Maxates submacularia: Holloway, 1996: 274.
其他文献（Reference）：Prout, 1912: 148; Han & Xue, 2011b: 474.
分布（Distribution）：浙江（ZJ）、四川（SC）

(294) 污尖尾尺蛾 *Maxates subtaminata* (Prout, 1933)

Gelasma subtaminata Prout, 1933: 95. **Holotype** ♂, China: Hainan, Youboi. (BMNH)
Maxates subtaminata: Holloway, 1996: 274.
别名（Common name）：俗尖尾尺蛾
其他文献（Reference）：Han & Xue, 2011b: 474; Yazaki & Wang, 2011: 83.
分布（Distribution）：广东（GD）、海南（HI）、香港（HK）

(295) 四川尖尾尺蛾 *Maxates szechwanensis* (Chu, 1981)

Jodis szechwanensis Chu, 1981: 117. **Holotype** ♂. China: Sichuan. (IZCAS)
Maxates szechwanensis: Han & Xue, 2011b: 475.
别名（Common name）：四川突尾尺蛾
分布（Distribution）：四川（SC）

(296) 灰尖尾尺蛾 *Maxates thetydaria* (Guenée, 1858)

Jodis thetydaria Guenée, 1858: 358. **Syntypes** 1♂1♀, India (central). (BMNH)
Maxates thetydaria: Holloway, 1996: 276.
异名（Synonym）：
Thalassodes bifasciata Walker, 1863: 1562.
别名（Common name）：绿带尖尾尺蛾、苔尖尾尺蛾
其他文献（Reference）：Warren, 1893: 352; Swinhoe, 1894a: 175; Hampson, 1895b: 509; Prout, 1912: 147; Holloway, 1976: 62; Inoue, 1978: 211; Chu, 1981: 117; Inoue, 1989: 246; Wang, 1997: 85; Han & Xue, 2011b: 475; Yazaki & Wang, 2011: 83.
分布（Distribution）：甘肃（GS）、湖南（HN）、四川（SC）、福建（FJ）、台湾（TW）、广东（GD）；印度、尼泊尔、孟加拉国、菲律宾、印度尼西亚、加里曼丹岛（北部）

(297) 西藏尖尾尺蛾 *Maxates tibeta* (Chu, 1982)

Gelasma tibeta Chu, 1982: 108, 109. **Holotype** ♀, China: Tibet: Cona, 2500 m. (IZCAS)
Maxates tibeta: Scoble, 1999: 580.
其他文献（Reference）：Chu, 1981: 117.
分布（Distribution）：西藏（XZ）

(298) 纹尖尾尺蛾 *Maxates veninotata* (Warren, 1894)

Thalereura veninotata Warren, 1894b: 678. **Holotype** ♂, India: Khasi Hills. (BMNH)
Maxates veninotata: Holloway, 1996: 276.
其他文献（Reference）：Prout, 1933: 95; Yazaki & Wang, 2011: 83.
分布（Distribution）：广东（GD）；印度、喜马拉雅山脉（东北部）（国外部分）、加里曼丹岛

(299) 突缘尖尾尺蛾 *Maxates versicauda* (Prout, 1920)

Gelasma versicauda Prout, 1920a: 292. **Holotype** ♂, China: Formosa [Taiwan]: Koshun. (BMNH)
Maxates versicauda: Holloway, 1996: 274.
其他文献（Reference）：Inoue, 1989: 257; Wang, 1997: 91; Han & Xue, 2011b: 477.
分布（Distribution）：台湾（TW）

(300) 缨尖尾尺蛾 *Maxates vinosifimbria* (Prout, 1935)

Gelasma vinosifimbria Prout, 1935: 12. **Holotype** ♂, China: Tibet: Ta-ho. (BMNH)
Maxates vinosifimbria: Holloway, 1996: 274.
其他文献（Reference）：Han & Xue, 2011b: 478.
分布（Distribution）：云南（YN）、西藏（XZ）

43. 豆纹尺蛾属 *Metallolophia* Warren, 1895

Metallolophia Warren, 1895: 88. **Type species:** *Hypochroma vitticosta* Walker, 1860.
其他文献（**Reference**）：Han, Galsworthy & Xue, 2005a: 166; Pitkin, Han & James, 2007: 383.

(301) 紫砂豆纹尺蛾 *Metallolophia albescens* Inoue, 1992

Metallolophia albescens Inoue, 1992b: 156. **Holotype** ♂, China: Chekiang [Zhejiang]: Wenchow. (ZFMK)
异名（**Synonym**）：
Metallolophia ostrumaria Xue, 1992: 810.
别名（**Common name**）：白条豆纹尺蛾
其他文献（**Reference**）：Han, Galsworthy & Xue, 2005a: 173; Han & Xue, 2011b: 154; Yazaki & Wang, 2011: 74.
分布（**Distribution**）：浙江（ZJ）、湖南（HN）、云南（YN）、广东（GD）；越南

(302) 豆纹尺蛾 *Metallolophia arenaria* (Leech, 1889)

Pachyodes arenaria Leech, 1889: 144. **Lectotype** ♀, China: Jiangxi: Kiukiang. (BMNH)
Metallolophia arenaria: Prout, 1912: 38.
异名（**Synonym**）：
Hypochroma danielaria Oberthür, 1913: 291.
其他文献（**Reference**）：Leech, 1897: 229; Prout, 1934: 6; Chu, 1981: 114; Han, Galsworthy & Xue, 2005a: 179; Han & Xue, 2011b: 155; Yazaki & Wang, 2011: 74.
分布（**Distribution**）：浙江（ZJ）、江西（JX）、湖南（HN）、四川（SC）、云南（YN）、福建（FJ）、台湾（TW）、广东（GD）；缅甸、越南

(303) 楔斑豆纹尺蛾 *Metallolophia cuneataria* Han et Xue, 2005

Metallolophia cuneataria Han et Xue, 2005, *In*: Han, Galsworthy & Xue, 2005a: 188. **Holotype** ♂, China: Guangxi: Miaoershan. (IZCAS)
其他文献（**Reference**）：Han & Xue, 2011b: 157.
分布（**Distribution**）：广西（GX）

(304) 黄斑豆纹尺蛾 *Metallolophia flavomaculata* Han et Xue, 2005

Metallolophia cuneataria Han et Xue, 2005, *In*: Han, Galsworthy & Xue, 2005a: 192. **Holotype** ♂, China: Fujian: Wuyisangang. (IZCAS)
其他文献（**Reference**）：Han & Xue, 2011b: 157.
分布（**Distribution**）：福建（FJ）、广东（GD）

(305) 无环豆纹尺蛾 *Metallolophia inanularia* Han et Xue, 2005

Metallolophia inanularia Han et Xue, 2005, *In*: Han, Galsworthy & Xue, 2005a: 189. **Holotype** ♀, China: Guangxi: Jinxiu Linhaishanzhuang. (IZCAS)
其他文献（**Reference**）：Han & Xue, 2011b: 158.
分布（**Distribution**）：广西（GX）

(306) 玛瑙豆纹尺蛾 *Metallolophia opalina* (Warren, 1893)

Terpna opalina Warren, 1893: 349. **Lectotype** ♀, India: Sikkim. (BMNH)
Metallolophia opalina: Prout, 1912: 38.
其他文献（**Reference**）：Hampson, 1895b: 475; Han, Galsworthy & Xue, 2005a: 171; Han & Xue, 2011b: 158; Fu, Wu & Shih, 2013: 140.
分布（**Distribution**）：西藏（XZ）、台湾（TW）；印度（北部）

(307) 紫脉豆纹尺蛾 *Metallolophia purpurivenata* Han et Xue, 2005

Metallolophia purpurivenata Han et Xue, 2005, *In*: Han, Galsworthy & Xue, 2005a: 174. **Holotype** ♂, China: Guangxi: Fangcheng, Fulong. (IZCAS)
别名（**Common name**）：紫豆纹尺蛾
其他文献（**Reference**）：Han & Xue, 2011b: 159; Yazaki & Wang, 2011: 74.
分布（**Distribution**）：广东（GD）、广西（GX）；越南

44. 异尺蛾属 *Metaterpna* Yazaki, 1992

Metaterpna Yazaki, 1992: 8. **Type species:** *Terpna differens* Warren, 1909.

其他文献（Reference）：Pitkin, Han & James, 2007: 385.

（308）巴塘异尺蛾 *Metaterpna batangensis* Han et Stüning, 2016

Metaterpna batangensis Han et Stüning, in Jiang et al., 2016: 508. **Holotype** ♂, China: Sichuan: Batang. (ZFMK)
分布（Distribution）：四川（SC）、云南（YN）

（309）异尺蛾 *Metaterpna differens* (Warren, 1909)

Terpna differens Warren, 1909: 124. **Holotype** ♂, India (north): Kulu district. (BMNH)
Metaterpna differens: Yazaki, 1992: 8.
其他文献（Reference）：Han & Xue, 2011b: 161.
分布（Distribution）：西藏（XZ）；印度、尼泊尔

（310）粉斑异尺蛾 *Metaterpna thyatiraria* (Oberthür, 1913)

Hypochroma thyatiraria Oberthür, 1913: 290. **Syntype(s)**, China: Yunnan: Tse-kou. (BMNH)
Metaterpna thyatiraria: Yazaki, 1992: 8.
异名（Synonym）：
Dindica thyatiroides Sterneck, 1928: 134.
别名（Common name）：粉斑垂耳尺蛾
其他文献（Reference）：Han & Xue, 2011b: 162.
分布（Distribution）：陕西（SN）、甘肃（GS）、四川（SC）、云南（YN）

45. 岔绿尺蛾属 *Mixochlora* Warren, 1897

Mixochlora Warren, 1897a: 42. **Type species**: *Mixochlora alternata* Warren, 1897.

（311）三岔绿尺蛾 *Mixochlora vittata* (Moore, 1868)

Geometra vittata Moore, 1868: 636. **Syntypes** ♂♀, India: Bengal. (BMNH)
Mixochlora vittata: Holloway, 1976: 61.
别名（Common name）：三岔镰翅绿尺蛾
其他文献（Reference）：Prout, 1912: 16; Chu, 1981: 118; Wang, 1997: 56; Han & Xue, 2011b: 221.
分布（Distribution）：江苏（JS）、浙江（ZJ）、江西（JX）、湖南（HN）、湖北（HB）、四川（SC）、云南（YN）、福建（FJ）、台湾（TW）、广东（GD）、海南（HI）；日本、印度、不丹、尼泊尔、泰国、菲律宾、马来西亚、印度尼西亚

46. 新青尺蛾属 *Neohipparchus* Inoue, 1944

Neohipparchus Inoue, 1944: 60. **Type species**: *Thalassodes vallata* Butler, 1878.

（312）银底新青尺蛾 *Neohipparchus hypoleuca* (Hampson, 1903)

Thalassodes hypoleuca Hampson, 1903: 656. **Syntype(s)** ♀, Burma: Hsipaw. (BMNH)
Neohipparchus hypoleuca: Xue, 1992: 817.
异名（Synonym）：
Thalassodes flaminiaria Oberthür, 1916: 122.
其他文献（Reference）：Prout, 1912: 73; Yazaki, 1992: 10; Han & Xue, 2011b: 233; Yazaki & Wang, 2011: 77.
分布（Distribution）：湖南（HN）、四川（SC）、云南（YN）、广东（GD）、海南（HI）；缅甸

（313）斑新青尺蛾 *Neohipparchus maculata* (Warren, 1897)

Chloroglyphica maculata Warren, 1897b: 208. **Holotype** ♀ (BMNH), India: Khasi Hills.
Neohipparchus maculata: Scoble, 1999: 634.
异名（Synonym）：
Chloroglyphica orhanti Herbulot, 1994: 65.
其他文献（Reference）：Han & Xue, 2011b: 234.
分布（Distribution）：云南（YN）；印度

（314）双线新青尺蛾 *Neohipparchus vallata* (Butler, 1878)

Thalassodes vallata Butler, 1878b: 50. **Holotype** ♂, Japan: Yokohama. (BMNH)
Neohipparchus vallata: Inoue, 1944: 60.
别名（Common name）：黑点绿尺蛾
其他文献（Reference）：Warren, 1896a: 108; Prout, 1912: 72; Wang, 1997: 60; Han & Xue, 2011b: 235.
分布（Distribution）：山西（SX）、陕西（SN）、甘肃（GS）、江苏（JS）、浙江（ZJ）、江西（JX）、湖南（HN）、湖北（HB）、四川（SC）、云南（YN）、西藏（XZ）、福建（FJ）、台湾（TW）、广东（GD）；日本、朝鲜半岛、印度、尼泊尔、越南

（315）类叉新青尺蛾 *Neohipparchus verjucodumnaria* (Oberthür, 1916)

Hipparchus verjucodumnaria Oberthür, 1916: 120. **Syntypes** 3♂, China: Yunnan: Tse-kou. (ZFMK)
Neohipparchus verjucodumnaria: Scoble, 1999: 634.

异名（Synonym）：
Geometra verjucomdumnaria Inoue, 1961: 45.
其他文献（Reference）：Prout, 1935: 10; Han & Xue, 2011b: 237.
分布（Distribution）：云南（YN）

（316）叉新青尺蛾 Neohipparchus vervactoraria (Oberthür, 1916)

Hipparchus vervactoraria Oberthür, 1916: 118. **Syntypes** 16♂♀, China: Szechwan [Sichuan]: Tachien-lu [Kangding], Siao-lou, Kiao-chuy. (ZFMK, BMNH).
Neohipparchus vervactoraria: Scoble, 1999: 634.
其他文献（Reference）：Prout, 1935: 10; Inoue, 1961: 45; Han & Xue, 2011b: 238.
分布（Distribution）：四川（SC）

47. 帆尺蛾属 *Neromia* Staudinger, 1898

Neromia Staudinger, 1898: 304. **Type species**: *Nemoria jodisata* Staudinger, 1898.

（317）帆尺蛾 Neromia carnifrons Butler, 1883

Nemoria carnifrons Butler, 1883: 169. **Syntype(s)**, India: Mhow; Solun. (BMNH)
其他文献（Reference）：Han & Xue, 2011b: 479.
分布（Distribution）：浙江（ZJ）、四川（SC）、香港（HK）；印度

帆尺蛾华西亚种 Neromia carnifrons rectilinearia (Leech, 1897)

Nemoria rectilinearia Leech, 1897: 241. **Syntypes** ♂♀, China (western): Huang-mu-chang. (BMNH)
Neromia carnifrons rectilinearia: Prout, 1938: 142.
分布（Distribution）：浙江（ZJ）、四川（SC）、香港（HK）

48. 月青尺蛾属 *Oenospila* Swinhoe, 1892

Oenospila Swinhoe, 1892: 5. **Type species**: *Thalera flavifusata* Walker, 1861.

（318）月青尺蛾 Oenospila flavifusata (Walker, 1861)

Thalera flavifusata Walker, 1861: 596. **Holotype** ♀, Ceylon [Sri Lanka]. (BMNH)
Oenospila flavifuscata: Swinhoe, 1902: 674.
异名（Synonym）：
Thalassodes sinuata Moore, 1868: 637.
别名（Common name）：红锯青尺蛾
其他文献（Reference）：Swinhoe, 1892: 5; Hampson, 1895b: 508; Wang, 1997: 109; Han & Xue, 2011b: 483.
分布（Distribution）：台湾（TW）、海南（HI）；印度、斯里兰卡、新加坡、印度尼西亚（爪哇岛、苏门答腊岛）、加里曼丹岛

（319）纹月青尺蛾 Oenospila strix (Butler, 1889)

Racheospila strix Butler, 1889: 22, 105. **Syntype(s)**, India: Kangra district, Dharmsala. (BMNH)
Oenospila strix: Warren, 1896b: 292.
其他文献（Reference）：Hampson, 1895b: 508; Han & Xue, 2011b: 484.
分布（Distribution）：云南（YN）；印度

49. 绿萍尺蛾属 *Ornithospila* Warren, 1894

Ornithospila Warren, 1894a: 386. **Type species**: *Geometra avicularia* Guenée, 1858.
异名（Synonym）：
Urospila Warren, 1894a: 387.
Afrena Hampson, 1895a: 314.

（320）绿萍尺蛾 Ornithospila esmeralda (Hampson, 1895)

Afrena esmeralda Hampson, 1895a: 314. **Syntype(s)** ♂, Burma: Tenasserim. (BMNH)

Ornithospila esmeralda: Prout, 1912: 77.
其他文献（Reference）: Han & Xue, 2011b: 486.
分布（Distribution）：云南（YN）；印度、尼泊尔、缅甸、喜马拉雅山脉（东北部）（国外部分）、越南、菲律宾、马来西亚、新加坡、印度尼西亚

（321）点绿萍尺蛾 *Ornithospila lineata* (Moore, 1872)

Geometra lineata Moore, 1872: 580. **Syntype(s)** ♂, India: Sikkim.
Ornithospila lineata: Prout, 1912: 75.
其他文献（Reference）: Han & Xue, 2011b: 488.
分布（Distribution）：云南（YN）；印度、缅甸、喜马拉雅山脉（东北部）（国外部分）、越南、泰国、柬埔寨、斯里兰卡、马来西亚、印度尼西亚

（322）翠绿萍尺蛾 *Ornithospila submonstrans* (Walker, 1861)

Geometra submonstrans Walker, 1861: 526. **Holotype** ♀, Malaysia: Borneo: Sarawak. (BMNH)
Ornithospila submonstrans: Swinhoe, 1900: 403.
异名（Synonym）：
Achlora circumflexaria Snellen, 1886: 53.
Ornithospila submonstrans moluccensis Prout, 1916b: 202.
其他文献（Reference）: Han & Xue, 2002b: 548; Han & Xue, 2011b: 489.
分布（Distribution）：云南（YN）、海南（HI）；菲律宾、马来西亚、新加坡、文莱、印度尼西亚

50. 斑翠尺蛾属 *Orothalassodes* Holloway, 1996

Orothalassodes Holloway, 1996: 259. **Type species**: *Thalassodes hypocrites* Prout, 1912.
其他文献（Reference）: Inoue, 2006: 224.

（323）弧斑翠尺蛾 *Orothalassodes falsaria* (Prout, 1912)

Thalassodes falsaria Prout, 1912: 153. **Holotype** ♂, India: Khasi Hills. (BMNH)
Orothalassodes falsaria: Inoue, 2005: 281.
异名（Synonym）：
Thalassodes griseifimbria Prout, 1937: 179.
别名（Common name）：弧翠尺蛾、弧海绿尺蛾
其他文献（Reference）: Holloway, 1996: 265; Wang, 1997: 78; Han & Xue, 2011a: 33; Han & Xue, 2011b: 497.
分布（Distribution）：云南（YN）、台湾（TW）、海南（HI）；印度

（324）丛斑翠尺蛾 *Orothalassodes floccosa* (Prout, 1917)

Thalassodes floccosa Prout, 1917a: 121. **Syntype(s)** ♂, Peninsular Malaysia: Province Wellesley. (BMNH)
Orothalassodes floccosa: Holloway, 1996: 260.
其他文献（Reference）: Prout, 1933: 101; Han & Xue, 2011a: 31.
分布（Distribution）：海南（HI）；菲律宾、马来西亚、印度尼西亚

（325）斑翠尺蛾 *Orothalassodes hypocrites* (Prout, 1912)

Thalassodes hypocrites Prout, 1912: 153. **Holotype** ♂, Singapore. (BMNH)
Orothalassodes hypocrites: Holloway, 1996: 259.
其他文献（Reference）: Prout, 1933: 101; Inoue, 2006: 226; Han & Xue, 2011a: 31; Han & Xue, 2011b: 493.
分布（Distribution）：云南（YN）、海南（HI）、香港（HK）；印度、越南、泰国、马来西亚、新加坡、印度尼西亚

（326）丽斑翠尺蛾 *Orothalassodes pervulgatus* Inoue, 2005

Orothalassodes pervulgatus Inoue, 2005: 284. **Holotype** ♂, India: Darjeeling. (BMNH)
其他文献（Reference）: Inoue, 2006: 230; Han & Xue, 2011a: 32; Han & Xue, 2011b: 495.
分布（Distribution）：四川（SC）、云南（YN）、西藏（XZ）、台湾（TW）、广西（GX）、海南（HI）；印度（东北部）、尼泊尔、巴基斯坦、越南、泰国、菲律宾（吕宋岛）

51. 巨尺蛾属 *Pachista* Prout, 1912

Pachista Prout, 1912: 40. **Type species**: *Hypochroma superans* Butler, 1878.
其他文献（Reference）: Pitkin, Han & James, 2007: 388.

（327）巨尺蛾 *Pachista superans* (Butler, 1878)

Hypochroma superans Butler, 1878a: 398. **Holotype** ♂, Japan:

Yokohama. (BMNH)
Pachista superans: Holloway, 1996: 210.
异名（**Synonym**）：
Pingasa shirakiana Matsumura, 1931: 923.
其他文献（**Reference**）：Leech, 1897: 228; Prout, 1912: 40; Inoue, 1982b: 265; Han & Xue, 2011b: 165.
分布（**Distribution**）：辽宁（LN）；日本、朝鲜半岛

52. 垂耳尺蛾属 *Pachyodes* Guenée, 1858

Pachyodes Guenée, 1858: 282. **Type species**: *Pachyodes almaria* Guenée, 1858 (=*Terpna haemataria* Herrich-Schäffer, 1854)
异名（**Synonym**）：
Archaeopseustes Warren, 1894a: 380.
其他文献（**Reference**）：Pitkin, Han & James, 2007: 389.

（328）金星垂耳尺蛾 *Pachyodes amplificata* (Walker, 1862)

Abraxas amplificata Walker, 1862: 1124. **Holotype** ♂, China (north). (BMNH)
Pachyodes amplificata: Prout, 1912: 12.
异名（**Synonym**）：
Hypochroma abraxas Oberthür, 1913: 291.
其他文献（**Reference**）：Warren, 1894a: 380; Warren, 1894b: 681; Prout, 1912: 12; Chu, 1981: 114; Han & Xue, 2008: 52; Han & Xue, 2011b: 168; Yazaki & Wang, 2011: 75.
分布（**Distribution**）：华北地区、甘肃（GS）、安徽（AH）、浙江（ZJ）、江西（JX）、湖南（HN）、湖北（HB）、四川（SC）、福建（FJ）、广东（GD）、广西（GX）

（329）尖峰垂耳尺蛾 *Pachyodes jianfengensis* Han et Xue, 2008

Pachyodes jianfengensis Han et Xue, 2008: 66. **Holotype** ♂, China: Hainan. (IZCAS)
其他文献（**Reference**）：Han & Xue, 2011b: 174.
分布（**Distribution**）：海南（HI）

（330）晰垂耳尺蛾 *Pachyodes leucomelanaria* Poujade, 1895

Pachyodes leucomelanaria Poujade, 1895b: 58. **Holotype** ♂, China: Sichuan: Moupin. (MNHN)
Terpna leucomelanaria: Prout, 1912: 40.
其他文献（**Reference**）：Leech, 1897: 230; Han & Xue, 2008: 55; Han & Xue, 2011b:170.
分布（**Distribution**）：四川（SC）；朝鲜半岛

（331）新粉垂耳尺蛾 *Pachyodes novata* Han et Xue, 2008

Pachyodes novata Han et Xue, 2008: 59. **Holotype** ♂, China: Fujian: Wuyishan. (IZCAS)
其他文献（**Reference**）：Han & Xue, 2011b: 173.
分布（**Distribution**）：湖南（HN）、湖北（HB）、福建（FJ）、广西（GX）

（332）饰粉垂耳尺蛾 *Pachyodes ornataria* Moore, 1888

Pachyodes ornataria Moore, 1888: 249. **Syntype(s)** ♂, India: Darjeeling; Cherrapunji.
其他文献（**Reference**）：Hampson, 1895b: 476; Prout, 1912: 39; Han & Xue, 2008: 55; Han & Xue, 2011b: 171.
分布（**Distribution**）：湖南（HN）、湖北（HB）、四川（SC）、云南（YN）、西藏（XZ）；印度（北部）、尼泊尔、泰国

（333）弥粉垂耳尺蛾 *Pachyodes subtrita* (Prout, 1914)

Terpna subtrita Prout, 1914: 238. **Holotype** ♀, China: Formosa [Taiwan]: Kosempo.
Pachyodes subtrita: Holloway, 1996: 209.
别名（**Common name**）：附垂耳尺蛾
其他文献（**Reference**）：Wang, 1997: 36; Han & Xue, 2008: 65; Han & Xue, 2011b: 172.
分布（**Distribution**）：台湾（TW）；印度（锡金）

53. 苇尺蛾属 *Pamphlebia* Warren, 1897

Pamphlebia Warren, 1897b: 213. **Type species**: *Amaurinia rubrolimbraria* Guenée, 1858.
异名（**Synonym**）：
Parachlorissa Inoue, 1961: 65.

（334）红缘苇尺蛾 *Pamphlebia rubrolimbraria* (Guenée, 1858)

Amaurinia rubrolimbraria Guenée, 1858: 386. **Holotype** ♂, Ceylon [Sri Lanka]. (BMNH)

异名（Synonym）：
Thalassodes diserta Walker, 1861: 553.
Thalassodes simpliciaria Walker, 1861: 553.
Nemoria ruficinctaria Snellen, 1886: 53.
Chlorocroma perigrapta Turner, 1917: 71.
Parachlorissa acutangula Inoue, 1961: 66 [English summary p. 98].

别名（Common name）：红缘小青尺蛾
其他文献（Reference）：Prout, 1912: 201; Wang, 1997: 106; Han & Xue, 2011b: 491.
分布（Distribution）：云南（YN）、台湾（TW）、广西（GX）、海南（HI）；日本、印度、斯里兰卡、菲律宾、马来西亚、文莱、印度尼西亚、巴布亚新几内亚、澳大利亚（北部）

54. 副锯翅青尺蛾属 *Paramaxates* Warren, 1894

Paramaxates Warren, 1894a: 387. **Type species:** *Macaria vagata* Walker, 1861.
异名（Synonym）：
Lissolica Swinhoe, 1894a: 172.

（335）克什副锯翅青尺蛾 *Paramaxates khasiana* Warren, 1894

Paramaxates vagata khasiana Warren, 1894a: 387. **Syntypes** ♂, India: Khasi Hills. (BMNH)
Paramaxates khasiana: Holloway, 1996: 221.
异名（Synonym）：
Paramaxates minuscula Yazaki, 1988: 114.
其他文献（Reference）：Han & Xue, 2011b: 263.
分布（Distribution）：云南（YN）；印度、泰国

（336）后副锯翅青尺蛾 *Paramaxates posterecta* Holloway, 1976

Paramaxates posterecta Holloway, 1976: 62. **Holotype** ♂, Malaysia: Borneo: North Borneo [Sabah], Mt. Kinabalu. (BMNH)
其他文献（Reference）：Han & Xue, 2011b: 264.
分布（Distribution）：台湾（TW）；印度（锡金）、喜马拉雅山脉（东北部）（国外部分）、缅甸、马来西亚、文莱、印度尼西亚

（337）台湾副锯翅青尺蛾 *Paramaxates taiwana* Yazaki, 1988

Paramaxates taiwana Yazaki, 1988: 116. **Holotype** ♀, China: Taiwan: Chiaya Hsien, Alishan. (BMNH)
其他文献（Reference）：Wang, 1997: 110; Han & Xue, 2011b: 265.
分布（Distribution）：江西（JX）、台湾（TW）

（338）漫副锯翅青尺蛾 *Paramaxates vagata* (Walker, 1861)

Macaria vagata Walker, 1861: 927. **Syntypes** ♀, Hindostan [India/Bangladesh]; Bangladesh: Silhet [Sylhet]. (BMNH)
异名（Synonym）：
Paramaxates hainana Chu, 1981: 119.
别名（Common name）：海南副锯翅青尺蛾、瓦耙尺蛾
其他文献（Reference）：Prout, 1934: 120; Han & Xue, 2011b: 266; Yazaki & Wang, 2011: 79.
分布（Distribution）：云南（YN）、福建（FJ）、广东（GD）、广西（GX）、海南（HI）；印度、孟加拉国

55. 海绿尺蛾属 *Pelagodes* Holloway, 1996

Pelagodes Holloway, 1996: 261. **Type species:** *Thalassodes aucta* Prout, 1912.
其他文献（Reference）：Inoue, 2006: 232.

（339）海绿尺蛾 *Pelagodes antiquadraria* (Inoue, 1976)

Thalassodes antiquadraria Inoue, 1976: 9. **Holotype** ♂, Japan: Okinawa Island, Yona. (BMNH)
Pelagodes antiquadraria: Holloway, 1996: 261.
别名（Common name）：鞍海尺蛾
其他文献（Reference）：Han & Xue, 2011a: 34; Han & Xue, 2011b: 496; Yazaki & Wang, 2011: 82.
分布（Distribution）：浙江（ZJ）、江西（JX）、湖南（HN）、云南（YN）、西藏（XZ）、福建（FJ）、台湾（TW）、广东（GD）、广西（GX）、海南（HI）；日本、印度、不丹、泰国

（340）美海绿尺蛾 *Pelagodes bellula* Han et Xue, 2011

Pelagodes bellula Han et Xue, 2011a: 37. **Holotype** ♂, China: Tibet: Mêdog, Yarang. (IZCAS)
分布（Distribution）：西藏（XZ）

(341) 鳌海绿尺蛾 *Pelagodes cancriformis* **Viidalepp, Han et Lindt, 2012**

Pelagodes cancriformis Viidalepp, Lindt et Han, 2012: 429. **Holotype** ♂, China: Hainan: Baisha, Yinggeling. (IZCAS)

分布（**Distribution**）：海南（HI）；老挝、泰国

(342) 缨海绿尺蛾 *Pelagodes clarifimbria* **(Prout, 1919)**

Thalassodes clarifimbria Prout, 1919: 278. **Holotype** ♀, Ceylon [Sri Lanka]: Maskeliya. (BMNH)

Pelagodes clarifimbria: Holloway, 1996: 264.

其他文献（**Reference**）：Han & Xue, 2011a: 39.

分布（**Distribution**）：海南（HI）；斯里兰卡、马来西亚、印度尼西亚

(343) 苏海绿尺蛾 *Pelagodes paraveraria* **Han et Xue, 2011**

Pelagodes paraveraria Han et Xue, 2011a: 36. **Holotype** ♂, China: Yunnan: Xishuangbanna, Bubeng. (IZCAS)

分布（**Distribution**）：云南（YN）

(344) 副海绿尺蛾 *Pelagodes proquadraria* **(Inoue, 1976)**

Thalassodes proquadraria Inoue, 1976: 9. **Holotype** ♂, Japan: Okinawa, Yona. (BMNH)

Pelagodes proquadraria: Holloway, 1996: 261.

别名（**Common name**）：副樟翠尺蛾、绿翠尺蛾

其他文献（**Reference**）：Wang, 1997: 77; Han & Xue, 2011a: 35; Han & Xue, 2011b: 498.

分布（**Distribution**）：台湾（TW）；日本、印度

(345) 圣海绿尺蛾 *Pelagodes semengok* **Holloway, 1996**

Pelagodes semengok Holloway, 1996: 263. **Holotype** ♂, Malaysia: Borneo: Sarawak, Kuching, Semengok. (BMNH)

其他文献（**Reference**）：Inoue, 2006: 234; Han & Xue, 2011a: 35; Han & Xue, 2011b: 499.

分布（**Distribution**）：云南（YN）、西藏（XZ）、台湾（TW）、广西（GX）、海南（HI）；菲律宾、马来西亚、印度尼西亚

(346) 小海绿尺蛾 *Pelagodes simplvalvae* **Han et Xue, 2011**

Pelagodes simplvalvae Han et Xue, 2011a: 37. **Holotype** ♂, China: Hainan: Jianfengling. (IZCAS)

分布（**Distribution**）：海南（HI）

(347) 钩海绿尺蛾 *Pelagodes sinuspinae* **Han et Xue, 2011**

Pelagodes sinuspinae Han et Xue, 2011a: 39. **Holotype** ♂, China: Yunnan: Xishuangbanna, Xiaomengyang. (IZCAS)

分布（**Distribution**）：云南（YN）

(348) 亚海绿尺蛾 *Pelagodes subquadraria* **(Inoue, 1976)**

Thalassodes subquadraria Inoue, 1976: 7. **Holotype** ♂, Japan: Kobe. (BMNH)

Pelagodes subquadraria: Holloway, 1996: 261.

别名（**Common name**）：亚樟翠尺蛾、樟翠尺蛾

其他文献（**Reference**）：Wang, 1997: 76; Han & Xue, 2011a: 38; Han & Xue, 2011b: 500.

分布（**Distribution**）：河南（HEN）、浙江（ZJ）、湖南（HN）、福建（FJ）、台湾（TW）、广东（GD）、广西（GX）；日本

56. 粉尺蛾属 *Pingasa* Moore, 1887

Pingasa Moore, 1887: 419. **Type species**: *Hypochroma ruginaria* Guenée, 1858.

异名（**Synonym**）：

Skorpisthes Lucas, 1900: 143.

其他文献（**Reference**）：Pitkin, Han & James, 2007: 391.

(349) 粉尺蛾 *Pingasa alba* **Swinhoe, 1891**

Pingasa alba Swinhoe, 1891: 491. **Holotype** ♂, India: Khasi Hills. (BMNH)

别名（**Common name**）：弧纹粉尺蛾

其他文献（**Reference**）：Wang, 1997: 33; Han & Xue, 2011b: 177.

分布（**Distribution**）：浙江（ZJ）、江西（JX）、湖南（HN）、湖北（HB）、四川（SC）、贵州（GZ）、云南（YN）、福建（FJ）、广西（GX）；日本、印度

粉尺蛾白色亚种 *Pingasa alba albida* **(Oberthür, 1913)**

Hypochroma albida Oberthür, 1913: 291. **Syntype(s)**, China: Yunnan: Tse-kou. (ZFMK)

Pingasa alba albida: Prout, 1934: 5.

分布（**Distribution**）：四川（SC）、云南（YN）

粉尺蛾日本亚种 *Pingasa alba brunnescens* **Prout, 1913**

Pingasa alba brunnescens Prout, 1913b: 397. **Syntypes** 3♂4♀, China: Zhejiang: Gifu, Ningbo; Japan: Himi prov., Iyo. (BMNH)

其他文献（**Reference**）：Chu, 1981: 113.

分布（**Distribution**）：浙江（ZJ）、江西（JX）、湖南（HN）、湖北（HB）、四川（SC）、贵州（GZ）、福建（FJ）、广西（GX）；日本

粉尺蛾云南亚种 *Pingasa alba yunnana* Chu, 1981

Pingasa alba yunnana Chu, 1981: 113. **Holotype** ♂, China: Yunnan. (IZCAS)

分布（**Distribution**）：云南（YN）

（350）青粉尺蛾 *Pingasa chlora* (Stoll, 1782)

Phalaena (*Pyralis*) *chlora* Stoll, 1782: 233, 248 (index). **Syntype(s)**, Indonesia: [Moluccas], [Amboina].

Pingasa chlora: Prout, 1932: 49.

异名（**Synonym**）：

Pseudoterpna ecchloraria Hübner, 1823: 285. [Emendation of *chlora* Stoll.]

Hypochroma chloraria Guenée, 1858: 277. [Emendation of *chlora* Stoll.]

Hypochroma paulinaria Pagenstecher, 1885: 47.

Pingasa latifascia Warren, 1894a: 383.

其他文献（**Reference**）：Han & Xue, 2011b: 179.

分布（**Distribution**）：海南（HI）；印度尼西亚、澳大利亚

青粉尺蛾指名亚种 *Pingasa chlora chlora* (Stoll, 1782)

分布（**Distribution**）：海南（HI）；印度尼西亚

（351）浅粉尺蛾 *Pingasa chloroides* Galsworthy, 1998

Pingasa chloroides Galsworthy, 1998: 104. **Holotype** ♂, China: Hong Kong. (BMNH)

其他文献（**Reference**）：Chu, 1981: 114; Han & Xue, 2011b: 180.

分布（**Distribution**）：福建（FJ）、广东（GD）、香港（HK）；越南

（352）直粉尺蛾 *Pingasa lariaria* (Walker, 1860)

Hypochroma lariaria Walker, 1860: 433. **Syntype(s)** ♀, Malaysia: Borneo: Sarawak. (OUM)

Pingasa lariaria: Prout, 1932: 48.

异名（**Synonym**）：

Hypochroma irrorataria Moore, 1868: 632.

其他文献（**Reference**）：Han & Xue, 2011b: 181.

分布（**Distribution**）：云南（YN）；印度、马来西亚（沙捞越）、印度尼西亚（苏拉威西岛、爪哇岛、苏门答腊岛）、巴布亚新几内亚

（353）小灰粉尺蛾 *Pingasa pseudoterpnaria* (Guenée, 1858)

Hypochroma pseudoterpnaria Guenée, 1858: 276. **Holotype** ♀, China (north). (BMNH)

Pingasa pseudoterpnaria: Prout, 1912: 11.

异名（**Synonym**）：

Hypochroma pryeri Butler, 1878a: 398.

其他文献（**Reference**）：Han & Xue, 2011b: 183.

分布（**Distribution**）：北京（BJ）、山东（SD）、安徽（AH）、江苏（JS）、浙江（ZJ）、江西（JX）、湖南（HN）、湖北（HB）、四川（SC）、福建（FJ）；日本、朝鲜半岛、印度

小灰粉尺蛾指名亚种 *Pingasa pseudoterpnaria pseudoterpnaria* (Guenée, 1858)

分布（**Distribution**）：北京（BJ）、山东（SD）、安徽（AH）、江苏（JS）、浙江（ZJ）、江西（JX）、湖南（HN）、湖北（HB）、四川（SC）、福建（FJ）；日本

（354）红带粉尺蛾 *Pingasa rufofasciata* Moore, 1888

Pingasa rufofasciata Moore, 1888: 247. **Syntype(s)**, India: Darjeeling. (BMNH)

其他文献（**Reference**）：Han & Xue, 2011b: 184; Yazaki & Wang, 2011: 75.

分布（**Distribution**）：浙江（ZJ）、江西（JX）、湖南（HN）、湖北（HB）、四川（SC）、贵州（GZ）、云南（YN）、福建（FJ）、广东（GD）、广西（GX）；印度

（355）黄基粉尺蛾 *Pingasa ruginaria* (Guenée, 1858)

Hypochroma ruginaria Guenée, 1858: 278. **Syntypes** 2♂, India (north). (BMNH)

Pingasa ruginaria: Moore, 1887: 419.

异名（**Synonym**）：

Hypochroma perfectaria Walker, 1860: 434.

Hypochroma nyctemerata Walker, 1860: 444.

其他文献（**Reference**）：Chu, 1981: 114; Han & Xue, 2011b: 186.

分布（**Distribution**）：云南（YN）、台湾（TW）、广西（GX）、海南（HI）；琉球群岛、印度；非洲

黄基粉尺蛾日本亚种 *Pingasa ruginaria pacifica* Inoue, 1964

Pingasa ruginaria pacifica Inoue, 1964: 335. **Holotype** ♂, Ryukyu Archipelago: Amami-Oshima, Yuwandake. (BMNH)

分布（**Distribution**）：云南（YN）、台湾（TW）、广西（GX）、海南（HI）；琉球群岛

（356）锯纹粉尺蛾 *Pingasa secreta* Inoue, 1986

Pingasa secreta Inoue, 1986b: 213. **Holotype** ♂, China: Taiwan: Taoyuan Hsien, Chihtuan. (BMNH)

别名（**Common name**）：塞粉尺蛾

其他文献（**Reference**）：Wang, 1997: 35; Han & Xue, 2011b: 187; Yazaki & Wang, 2011: 75.

分布（**Distribution**）：台湾（TW）、广东（GD）

57. 丝尺蛾属 *Protuliocnemis* Holloway, 1996

Protuliocnemis Holloway, 1996: 244. **Type species:** *Comibaena partita* Walker, 1861.
其他文献（**Reference**）：Han, Galsworthy & Xue, 2012: 765.

（357）洁丝尺蛾 *Protuliocnemis candida* Han, Galsworthy *et* Xue, 2012
Protuliocnemis candida Han, Galsworthy *et* Xue, 2012: 767. **Holotype** ♂, China: Yunnan: Yongsheng. (IZCAS)
分布（**Distribution**）：四川（SC）、云南（YN）、广西（GX）

（358）泉丝尺蛾 *Protuliocnemis castalaria* (Oberthür, 1916)
Phorodesma castalaria Oberthür, 1916: 106. **Syntypes** including ♂, India: Khasi Hills; Australia: Queensland, Kuranda. (BMNH)
Protuliocnemis castalaria: Holloway, 1996: 244.
别名（**Common name**）：卡丝尺蛾
其他文献（**Reference**）：Prout, 1933: 88; Han, Galsworthy & Xue, 2012: 766; Han & Xue, 2011b: 307; Yazaki & Wang, 2011: 81.
分布（**Distribution**）：台湾（TW）、广东（GD）、广西（GX）、海南（HI）、香港（HK）；印度、越南、马来西亚、澳大利亚

（359）异丝尺蛾 *Protuliocnemis dissimilis* Han, Galsworthy *et* Xue, 2012
Protuliocnemis dissimilis Han, Galsworthy *et* Xue, 2012: 768. **Holotype** ♂, China: Gansu: Wenxian, Qiujiaba. (IZCAS)
分布（**Distribution**）：甘肃（GS）

（360）莲丝尺蛾 *Protuliocnemis falcipennis* (Yazaki, 1991)
Uliocnemis falcipennis Yazaki, 1991: 264. **Holotype** ♀, China: Taiwan: Nantou Hsien, Lushan Spa. (BMNH)
Protuliocnemis falcipennis: Han & Xue, 2011: 308.
其他文献（**Reference**）：Scoble, 1999: 183; Han, Galsworthy & Xue, 2012: 766; Han & Xue, 2011b: 308.
分布（**Distribution**）：台湾（TW）

58. 伪翼尺蛾属 *Pseudepisothalma* Han, 2009

Pseudepisothalma Xue, Wang & Han, 2009: 23. **Type species:** *Episothalma ocellata* Swinhoe, 1893.

（361）伪翼尺蛾 *Pseudepisothalma ocellata* (Swinhoe, 1893)
Episothalma ocellata Swinhoe, 1893b: 218. **Lectotype** ♂, India: Khasi Hills. (BMNH)
Pseudepisothalma ocellata: Xue, Wang & Han, 2009: 24.
其他文献（**Reference**）：Hampson, 1895b: 483; Han & Xue, 2011b: 394.
分布（**Distribution**）：云南（YN）；印度

59. 假垂耳尺蛾属 *Pseudoterpna* Hübner, 1823

Pseudoterpna Hübner, 1823: 285. **Type species:** *Geometra cythisaria* Denis *et* Schiffermüller, 1775 (=*Phalaena pruinata* Hufnagel, 1767).

（362）平假垂耳尺蛾 *Pseudoterpna simplex* Alphéraky, 1892
Pseudoterpna pruinata simplex Alphéraky, 1892: 54. **Holotype** ♂. (ZIS)
Pseudoterpna simplex: Prout, 1912: 14.
其他文献（**Reference**）：Staudinger, 1901: 261; Han & Xue, 2011b: 76.
分布（**Distribution**）：新疆（XJ）；俄罗斯；中亚

60. 染尺蛾属 *Psilotagma* Warren, 1894

Psilotagma Warren, 1894b: 678. **Type species:** *Psilotagma decorata* Warren, 1894.
其他文献（Reference）：Pitkin, Han & James, 2007: 396.

（363）染尺蛾 *Psilotagma decorata* **Warren, 1894**
Psilotagma decorata Warren, 1894b: 678. **Holotype** ♂, Bhutan. (BMNH)

异名（Synonym）：
Terpna dorsorcristata Poujade, 1895a: 313.
其他文献（Reference）：Prout, 1912: 39; Inoue, 1982a: 131; Han & Xue, 2011b: 189.
分布（Distribution）：河南（HEN）、陕西（SN）、甘肃（GS）、湖南（HN）、湖北（HB）、四川（SC）、云南（YN）、广西（GX）；印度、不丹、尼泊尔

61. 叶绿尺蛾属 *Remiformvalva* Inoue, 2006

Remiformvalva Inoue, 2006: 241. **Type species:** *Thalassodes viridicaput* Warren, 1897.

（364）叶绿尺蛾 *Remiformvalva viridicaput* **(Warren, 1897)**
Thalassodes viridicaput Warren, 1897c: 391. **Holotype** ♂, Indonesia: Celebes (south) [Sulawesi]. (BMNH)
Remiformvalva viridicaput: Inoue, 2006: 241.
其他文献（Reference）：Holloway, 1996: 264; Han & Xue, 2011a: 40.
分布（Distribution）：海南（HI）；马来西亚、印度尼西亚

62. 绿菱尺蛾属 *Rhomborista* Warren, 1897

Rhomborista Warren, 1897a: 44. **Type species:** *Comibaena devexata* Walker, 1861.

（365）弯斑绿菱尺蛾 *Rhomborista devexata* **(Walker, 1861)**
Comibaena devexata Walker, 1861: 573. **Syntype(s)**, Hindostan [India]. (OUM)
Rhomborista devexata: Warren, 1897a: 44.
异名（Synonym）：
Agathia scutuligera Butler, 1880: 216.
其他文献（Reference）：Swinhoe, 1894a: 175; Hampson, 1895b: 484; Han & Xue, 2011b: 319.
分布（Distribution）：云南（YN）；印度、不丹

（366）孤斑绿菱尺蛾 *Rhomborista monosticta* **(Wehrli, 1924)**
Thalera monosticta Wehrli, 1924: 131. **Holotype** ♂, China. (ZFMK)
Rhomborista monosticta: Prout, 1933: 90.
其他文献（Reference）：Han & Xue, 2011b: 321.
分布（Distribution）：湖南（HN）、云南（YN）、广东（GD）、广西（GX）、香港（HK）

63. 环斑绿尺蛾属 *Spaniocentra* Prout, 1912

Spaniocentra Prout, 1912: 13 (key), 94. **Type species:** *Comibaena pannosa* Moore, 1887.

（367）荷氏环斑绿尺蛾 *Spaniocentra hollowayi* **Inoue, 1986**
Spaniocentra hollowayi Inoue, 1986a: 49. **Holotype** ♂, Japan: Okinawa: Shuri. (BMNH)
别名（Common name）：荷氏绿尺蛾
其他文献（Reference）：Wang, 1997: 108; Han & Xue, 2011b: 323.
分布（Distribution）：湖南（HN）、云南（YN）、台湾（TW）、广西（GX）、海南（HI）；日本

(368) 旷环斑绿尺蛾 *Spaniocentra incomptaria* (Leech, 1897)

Euchloris incomptaria Leech, 1897: 239. **Holotype** ♂, China (western): Sichuan: Wa-shan. (BMNH)

Spaniocentra incomptaria: Holloway, 1982: 244.

其他文献（Reference）：Prout, 1912: 19; Prout, 1933: 90; Han & Xue, 2011b: 324.

分布（Distribution）：四川（SC）

(369) 琨环斑绿尺蛾 *Spaniocentra kuniyukii* Yazaki, 1994

Spaniocentra kuniyukii Yazaki, 1994: 7. **Holotype** ♂, Nepal: Sagarmatha, Okhaldhunga. (NSMT)

其他文献（Reference）：Han & Xue, 2011b: 325.

分布（Distribution）：海南（HI）；印度、尼泊尔

(370) 环斑绿尺蛾 *Spaniocentra lyra* (Swinhoe, 1892)

Oenospila lyra Swinhoe, 1892: 6. **Syntypes** ♂, India: Khasi Hills. (BMNH)

Spaniocentra lyra: Holloway, 1982: 244.

其他文献（Reference）：Inoue, 1977: 237; Han & Xue, 2011b: 326.

分布（Distribution）：云南（YN）、台湾（TW）、广东（GD）；日本、印度、尼泊尔、喜马拉雅山脉（东北部）（国外部分）

(371) 巨斑环斑绿尺蛾 *Spaniocentra megaspilaria* (Guenée, 1858)

Phorodesma megaspilaria Guenée, 1858: 371. **Holotype** ♀, Malaysia: Borneo: Sarawak. (BMNH)

Rhomborista (*Spaniocentra*) *megaspilaria*: Inoue, 1961: 69.

异名（Synonym）：

Comibaena uniplaga Walker, 1861: 578.

其他文献（Reference）：Han & Xue, 2011b: 327.

分布（Distribution）：台湾（TW）、海南（HI）；印度、缅甸、斯里兰卡、马来西亚、文莱、印度尼西亚

64. 暗青尺蛾属 *Sphagnodela* Warren, 1893

Sphagnodela Warren, 1893: 351. **Type species**: *Sphagnodela lucida* Warren, 1893.

(372) 双波暗青尺蛾 *Sphagnodela lucida* Warren, 1893

Sphagnodela lucida Warren, 1893: 351. **Holotype** ♂, India: Sikkim. (BMNH)

其他文献（Reference）：Han & Xue, 2011b: 192.

分布（Distribution）：云南（YN）、西藏（XZ）；印度（锡金）、尼泊尔

65. 镰翅绿尺蛾属 *Tanaorhinus* Butler, 1879

Tanaorhinus Butler, 1879b: 38. **Type species**: *Geometra confuciaria* Walker, 1861.

(373) 台湾镰翅绿尺蛾 *Tanaorhinus formosana* Okano, 1959

Tanaorhinus reciprocata formosana Okano, 1959: 37. **Holotype** ♂, China: Formosa [Taiwan] (central): Puli.

Tanaorhinus formosana: Inoue, 1992a: 120.

别名（Common name）：单点镰翅绿尺蛾

其他文献（Reference）：Wang, 1997: 57; Han & Xue, 2011b: 224.

分布（Distribution）：台湾（TW）

(374) 斑镰翅绿尺蛾 *Tanaorhinus kina* Swinhoe, 1893

Tanaorhinus kina Swinhoe, 1893a: 150, **Syntype** ♂, India: Khasi Hills. (BMNH)

别名（Common name）：白月镰翅绿尺蛾、斑镰尺蛾

其他文献（Reference）：Wang, 1997: 59; Han & Xue, 2011b: 224; Yazaki & Wang, 2011: 78.

分布（Distribution）：湖北（HB）、四川（SC）、云南（YN）、西藏（XZ）、台湾（TW）、广东（GD）、广西（GX）；印度、尼泊尔、缅甸

斑镰翅绿尺蛾指名亚种 *Tanaorhinus kina kina* Swinhoe, 1893

分布（Distribution）：湖北（HB）、云南（YN）、西藏（XZ）、广西（GX）；印度、尼泊尔、缅甸

斑镰翅绿尺蛾锡金亚种 *Tanaorhinus kina embrithes* Prout, 1934

Tanaorhinus kina embrithes Prout, 1934: 102. **Syntypes**

10♂1♀, India: Sikkim: Gopaldhara. (BMNH)
分布（Distribution）：四川（SC）；印度

斑镰翅绿尺蛾台湾亚种 *Tanaorhinus kina flavinfra* Inoue, 1978

Tanaorhinus flavinfra Inoue, 1978: 207. **Holotype** ♂, China: Taiwan: Chiai, Alishan. (BMNH)
Tanaorhinus kina flavinfra: Inoue, 1992a: 120.
分布（Distribution）：台湾（TW）

（375）纹镰翅绿尺蛾 *Tanaorhinus luteivirgatus* Yazaki et Wang, 2004

Tanaorhinus luteivirgatus Yazaki et Wang, 2004, *In*: Yazaki, Wang & Huang, 2004: 58. **Holotype** ♂, China: Guangdong: Shaoguan Nanling. (SCAU)
别名（Common name）：路镰尺蛾
其他文献（Reference）：Han & Xue, 2011b: 226; Yazaki & Wang, 2011: 79.
分布（Distribution）：云南（YN）、广东（GD）

（376）镰翅绿尺蛾 *Tanaorhinus reciprocata* (Walker, 1861)

Geometra reciprocata Walker, 1861: 515. **Holotype** ♂, India: Himalayas. (BMNH)
Tanaorhinus reciprocata: Cotes & Swinhoe, 1888: 516.
异名（Synonym）：
Geometra dimissa Walker, 1861: 516.
别名（Common name）：镰尺蛾
其他文献（Reference）：Chu, 1981: 117; Han & Xue, 2011b: 227; Yazaki & Wang, 2011: 78.
分布（Distribution）：河南（HEN）、湖南（HN）、湖北（HB）、四川（SC）、贵州（GZ）、云南（YN）、西藏（XZ）、福建（FJ）、台湾（TW）、广东（GD）、广西（GX）、海南（HI）；日本、朝鲜半岛、印度、喜马拉雅山脉（国外部分）

镰翅绿尺蛾中国亚种 *Tanaorhinus reciprocata confuciaria* (Walker, 1861)

Geometra confuciaria Walker, 1861: 522. **Holotype** ♀, China (north). (BMNH)
Tanaorhinus reciprocata confuciaria: Inoue, 1961: 40.
其他文献（Reference）：Prout, 1912: 16.
分布（Distribution）：河南（HEN）、湖南（HN）、湖北（HB）、四川（SC）、贵州（GZ）、云南（YN）、西藏（XZ）、福建（FJ）、台湾（TW）、广东（GD）、广西（GX）、海南（HI）；日本、朝鲜半岛

（377）藏镰翅绿尺蛾 *Tanaorhinus tibeta* Chu, 1982

Tanaorhinus tibeta Chu, 1982: 108. **Holotype** ♀, China: Tibet: Cona. (IZCAS)
其他文献（Reference）：Han & Xue, 2011b: 229.
分布（Distribution）：西藏（XZ）

（378）影镰翅绿尺蛾 *Tanaorhinus viridiluteata* (Walker, 1861)

Geometra viridiluteata Walker, 1861: 515. **Lectotype** ♂, India: Darjeeling. (BMNH)
Tanaorhinus viridiluteata: Cotes & Swinhoe, 1888: 516.
别名（Common name）：双点镰翅绿尺蛾
其他文献（Reference）：Prout, 1913a: 40; Wang, 1997: 58; Han & Xue, 2011b: 230.
分布（Distribution）：吉林（JL）、北京（BJ）、江西（JX）、云南（YN）、西藏（XZ）、福建（FJ）、台湾（TW）、广东（GD）、广西（GX）、海南（HI）；印度、不丹、尼泊尔、喜马拉雅山脉（东北部）（国外部分）、缅甸、越南、马来西亚、新加坡、印度尼西亚

66. 樟翠尺蛾属 *Thalassodes* Guenée, 1858

Thalassodes Guenée, 1858: 359. **Type species**: *Thalassodes pilaria* Guenée, 1858.
其他文献（Reference）：Inoue, 2006: 215; Han & Xue, 2011a: 27.

（379）渺樟翠尺蛾 *Thalassodes immissaria* Walker, 1861

Thalassodes immissaria Walker, 1861: 553. **Syntype(s)** ♂, Ceylon [Sri Lanka].
别名（Common name）：粗胫翠尺蛾
其他文献（Reference）：Prout, 1933: 100; Holloway, 1996: 256; Wang, 1997: 79; Inoue, 2006: 218; Han & Xue, 2011a: 28; Han & Xue, 2011b: 502.
分布（Distribution）：湖南（HN）、云南（YN）、福建（FJ）、台湾（TW）、广西（GX）、海南（HI）、香港（HK）；日本、印度、越南、泰国、斯里兰卡、马来西亚、印度尼西亚

（380）翡樟翠尺蛾 *Thalassodes intaminata* Inoue, 1971

Thalassodes immissaria intaminata Inoue, 1971: 144. **Holotype** ♂, Japan: Okinawa: Shuri. (BMNH)
Thalassodes intaminata: Inoue, 2005: 280.
其他文献（Reference）：Inoue, 2006: 218; Han & Xue, 2011a: 29; Han & Xue, 2011b: 503.
分布（Distribution）：福建（FJ）、台湾（TW）；日本（西南部）、泰国、菲律宾、印度尼西亚（苏门答腊岛）

(381) 米埔樟翠尺蛾 *Thalassodes maipoensis* Galsworthy, 1997

Thalassodes maipoensis Galsworthy, 1997: 130. **Holotype** ♂, China: Hong Kong: Maipo. (BMNH)

其他文献（Reference）：Han & Xue, 2011a: 29; Han & Xue, 2011b: 503.

分布（Distribution）：香港（HK）

(382) 篷樟翠尺蛾 *Thalassodes opalina* Butler, 1880

Thalassodes opalina Butler, 1880: 214. **Holotype** ♂, India: Darjeeling. (BMNH)

Thalassodes immissaria opalina: Prout, 1933: 100.

其他文献（Reference）：Han & Xue, 2011a: 29.

分布（Distribution）：云南（YN）、台湾（TW）、广西（GX）、海南（HI）；印度、泰国

67. 波翅青尺蛾属 *Thalera* Hübner, 1823

Thalera Hübner, 1823: 285. **Type species:** *Phalaena thymiaria* Linnaeus, 1767 (=*Phalaena fimbrialis* Scopoli, 1763).

异名（Synonym）：

Ptychopoda Stephens, 1827: 241.

Heterothalera Bryk, 1949: 158.

(383) 波翅青尺蛾 *Thalera fimbrialis* (Scopoli, 1763)

Phalaena fimbrialis Scopoli, 1763: 216. **Syntype(s)**, Italy (north-east): Carnia.

Thalera fimbrialis: Prout, 1912: 216.

异名（Synonym）：

Phalaena fimbriata Hufnagel, 1767: 604.

Phalaena (*Geometra*) *thymiaria* Linnaeus, 1767: 859.

Geometra bupleuraria Denis et Schiffermüller, 1775: 97.

Phalaena (*Geometra*) *albaria* Esper, 1806: 268.

其他文献（Reference）：Han & Xue, 2002a: 785; Han & Xue, 2011b: 505.

分布（Distribution）：黑龙江（HL）、吉林（JL）、辽宁（LN）、内蒙古（NM）、河北（HEB）、北京（BJ）、山西（SX）；俄罗斯（远东地区）、蒙古国、意大利；中亚、欧洲

波翅青尺蛾东方亚种 *Thalera fimbrialis chlorosaria* Graeser, 1890

Thalera chlorosaria Graeser, 1890b: 81. **Syntypes** including at least 3♂1♀, Russia: Amurlandes: Raddefka; Ussuri; Chabarofka; Vladivostok; Blagoweschtschensk.

Thalera fimbrialis chlorosaria: Prout, 1912: 216.

别名（Common name）：灰绿淡尺蛾

其他文献（Reference）：Prout, 1935: 18; Chu, 1981: 118.

分布（Distribution）：黑龙江（HL）、吉林（JL）、辽宁（LN）、内蒙古（NM）、河北（HEB）、北京（BJ）、山西（SX）；俄罗斯（远东地区）、朝鲜半岛、蒙古国

(384) 四点波翅青尺蛾 *Thalera lacerataria* Graeser, 1889

Thalera lacerataria Graeser, 1889: 387. **Holotype** ♂, Russia: Amurlandes, Vladivostok.

其他文献（Reference）：Leech, 1897: 230; Chu, 1981: 118; Han & Xue, 2002a: 786; Han & Xue, 2011b: 507.

分布（Distribution）：吉林（JL）、北京（BJ）、陕西（SN）、湖北（HB）、四川（SC）、云南（YN）；俄罗斯、日本、朝鲜半岛

四点波翅青尺蛾指名亚种 *Thalera lacerataria lacerataria* Graeser, 1889

分布（Distribution）：吉林（JL）、北京（BJ）、陕西（SN）、湖北（HB）；俄罗斯、日本、朝鲜半岛

四点波翅青尺蛾西藏亚种 *Thalera lacerataria thibetica* Prout, 1935

Thalera lacerataria thibetica Prout, 1935: 19. **Holotype** ♂, China: Sichuan: Taytuho. (ZFMK)

分布（Distribution）：四川（SC）、云南（YN）

(385) 赭缘波翅青尺蛾 *Thalera rubrifimbria* Inoue, 1990

Thalera rubrifimbria Inoue, 1990b: 1. **Holotype** ♂, Japan: Shizuoka Prefecture, Izu Peninsula, Nashimoto. (BMNH)

其他文献（Reference）：Han & Xue, 2002a: 788; Han & Xue, 2011b: 509.

分布（Distribution）：黑龙江（HL）；日本、朝鲜半岛

(386) 淡波翅青尺蛾 *Thalera simpliria* Han et Xue, 2002

Thalera simpliria Han et Xue, 2002a: 786. **Holotype** ♂, China: Sichuan: Batang. (IZCAS)

其他文献（Reference）：Han & Xue, 2011b: 510.

分布（Distribution）：四川（SC）

(387) 绿波翅青尺蛾 *Thalera suavis* (Swinhoe, 1902)

Chlorodontopera suavis Swinhoe, 1902: 670. **Syntypes** 7♂2♀, China: Yunnan: Teng Yenk; Sichuan: Wa-Shan; Korea: Gensan. (BMNH)

Thalera suavis: Prout, 1934: 121.
其他文献（**Reference**）：Han & Xue, 2002a: 787; Han & Xue, 2011b: 510.

分布（**Distribution**）：四川（SC）、云南（YN）；朝鲜半岛

68. 二线绿尺蛾属 *Thetidia* Boisduval, 1840

Thetidia Boisduval, 1840: 189. **Type species**: *Thetidia plusiaria* Boisduval, 1840.
异名（**Synonym**）：
Euchloris Hübner, 1823: 283.
Aglossochloris Prout, 1912: 212.
Antonechloris Raineri, 1994: 365.
其他文献（**Reference**）：Han, Galsworthy & Xue, 2012: 757.

（388）菊四目绿尺蛾 *Thetidia albocostaria* (Bremer, 1864)

Euchloris albocostaria Bremer, 1864: 76. **Syntype(s)**, Russia: East Siberia, Amur; Ussuri, in between Noor-and Ema estuaries.
Thetidia albocostaria: Inoue, 1961: 75.
其他文献（**Reference**）：Staudinger, 1871: 144; Chu, 1981: 116; Han & Xue, 2011b: 311; Han, Galsworthy & Xue, 2012: 758.
分布（**Distribution**）：黑龙江（HL）、吉林（JL）、辽宁（LN）、内蒙古（NM）、北京（BJ）、河南（HEN）、陕西（SN）、甘肃（GS）、青海（QH）、安徽（AH）、江苏（JS）、上海（SH）、浙江（ZJ）、湖南（HN）、湖北（HB）；俄罗斯、日本、朝鲜半岛

（389）清二线绿尺蛾 *Thetidia atyche* (Prout, 1935)

Euchloris atyche Prout, 1935: 18. **Holotype** ♂, China (west): Sichuan: Siao-lou. (BMNH)
Thetidia atyche: Fletcher, 1979: 204.
别名（**Common name**）：二线绿尺蛾
其他文献（**Reference**）：Chu, 1981: 116; Han & Xue, 2011b: 313; Han, Galsworthy & Xue, 2012: 758.
分布（**Distribution**）：甘肃（GS）、四川（SC）

（390）肖二线绿尺蛾 *Thetidia chlorophyllaria* (Hedemann, 1879)

Phorodesma chlorophyllaria Hedemann, 1879: 510. **Syntype(s)**, Russia: Amur, Askold Island.
Thetidia chlorophyllaria: Inoue, 1961: 75.
异名（**Synonym**）：
Phorodesma jankowskiaria Oberthür, 1879: 8.
Euchloris pekingensis Chu, 1981: 116.
别名（**Common name**）：交二线绿尺蛾、绿叶碧尺蛾
其他文献（**Reference**）：Gumppenberg, 1895: 490; Staudinger, 1901: 263; Chu, 1981: 116; Han & Xue, 2011b: 313; Han, Galsworthy & Xue, 2012: 759.
分布（**Distribution**）：黑龙江（HL）、内蒙古（NM）、河北（HEB）、北京（BJ）、山西（SX）、山东（SD）、陕西（SN）、青海（QH）、四川（SC）；俄罗斯（西伯利亚、乌苏里地区）、日本、朝鲜半岛

（391）齿二线绿尺蛾 *Thetidia correspondens* (Alphéraky, 1883)

Phorodesma fulminaria var. *correspondens* Alphéraky, 1883: 157. **Lectotype** ♂, China: Xinjiang: Ili Valley, 2000 ft, Kuldja [Yining (Gulja)]. (ZIS)
Thetidia correspondens: Viidalepp, 1976: 845.
其他文献（**Reference**）：Prout, 1912: 213; Han, Galsworthy & Xue, 2012: 758.
分布（**Distribution**）：新疆（XJ）；俄罗斯；中亚、欧洲

（392）甘肃二线绿尺蛾 *Thetidia kansuensis* (Djakonov, 1936)

Euchloris kansuensis Djakonov, 1936: 3. **Syntypes** 2♂, China: Kansu [Gansu] (south), Bandshuka. (NHRS)
Thetidia kansuensis: Scoble, 1999: 936.
其他文献（**Reference**）：Han & Xue, 2011b: 315; Han, Galsworthy & Xue, 2012: 758.
分布（**Distribution**）：甘肃（GS）、西藏（XZ）

（393）白点二线绿尺蛾 *Thetidia smaragdaria* (Fabricius, 1787)

Phalaena smaragdaria Fabricius, 1787: 192. **Syntype(s)**, Austria.
Thetidia smaragdaria: Viidalepp, 1976: 845.
异名（**Synonym**）：
Hipparchus smaragdarius Curtis, 1830: 300.
其他文献（**Reference**）：Villers, 1789: 499; Hübner, 1826: 283; Duponchel, 1829: 251; Boisduval, 1840: 179; Chu, 1981: 116; Han & Xue, 2011b: 316; Han, Galsworthy & Xue, 2012: 759.
分布（**Distribution**）：内蒙古（NM）、新疆（XJ）、江苏（JS）；俄罗斯、朝鲜半岛、蒙古国、安纳托利亚、印度；欧洲

69. 缺口青尺蛾属 *Timandromorpha* Inoue, 1944

Timandromorpha Inoue, 1944: 62. **Type species:** *Tanaorhinus discolor* Warren, 1896.
其他文献（**Reference**）：Han & Xue, 2004: 179.

（394）缺口青尺蛾 *Timandromorpha discolor* (Warren, 1896)

Tanaorhinus discolor Warren, 1896a: 108. **Lectotype** ♂, India: Khasi Hills. (BMNH)
Timandromorpha discolor: Inoue, 1944: 63.
别名（**Common name**）：缺口镰翅青尺蛾
其他文献（**Reference**）：Hampson, 1898: 92; Chu, 1981: 117; Wang, 1997: 54; Han & Xue, 2004: 181; Han & Xue, 2011b: 245.
分布（**Distribution**）：福建（FJ）、台湾（TW）、广东（GD）、海南（HI）；印度、缅甸

（395）小缺口青尺蛾 *Timandromorpha enervata* Inoue, 1944

Timandromorpha enervata Inoue, 1944: 63. **Lectotype** ♂, Japan: Kyushu, Hiko-san. (BMNH)
Timandromorpha enervata: Inoue, 1986a: 46.
别名（**Common name**）：小缺口镰翅青尺蛾、易缺口青尺蛾
其他文献（**Reference**）：Inoue, 1956: 165; Wang, 1997: 55; Han & Xue, 2004: 182; Han & Xue, 2011b: 246; Yazaki & Wang, 2011: 79.
分布（**Distribution**）：河南（HEN）、陕西（SN）、甘肃（GS）、浙江（ZJ）、江西（JX）、湖南（HN）、湖北（HB）、四川（SC）、福建（FJ）、台湾（TW）、广东（GD）；日本、朝鲜半岛

（396）橄缺口青尺蛾 *Timandromorpha olivaria* Han et Xue, 2004

Timandromorpha olivaria Han et Xue, 2004: 182. **Holotype** ♂, China: Yunnan. (IZCAS)
其他文献（**Reference**）：Han & Xue, 2011b: 246.
分布（**Distribution**）：云南（YN）

（397）王氏缺口青尺蛾 *Timandromorpha wangi* Stüning et Yazaki, 2008

Timandromorpha wangi Stüning et Yazaki, 2008: 258. **Holotype** ♂, China: Guangxi: Guilin, Mt. Maoershan. (SCAU)
分布（**Distribution**）：福建（FJ）、广西（GX）；越南

70. 赞青尺蛾属 *Xenozancla* Warren, 1893

Xenozancla Warren, 1893: 342. **Type species:** *Xenozancla versicolor* Warren, 1893.
异名（**Synonym**）：
Yinchie Yang, 1978: 329.
别名（**Common name**）：银尺蛾属
其他文献（**Reference**）：Han, Li & Xue, 2008: 318.

（398）赞青尺蛾 *Xenozancla versicolor* Warren, 1893

Xenozancla versicolor Warren, 1893: 342. **Lectotype** ♂, India: Naga Hills. (BMNH)
异名（**Synonym**）：
Yinchie zaohui Yang, 1978: 329.
别名（**Common name**）：枣灰银尺蛾
其他文献（**Reference**）：Han, Li & Xue, 2008: 318; Han & Xue, 2011b: 567.
分布（**Distribution**）：河北（HEB）、北京（BJ）、山东（SD）、河南（HEN）、陕西（SN）、湖北（HB）、四川（SC）、广西（GX）；印度

参 考 文 献

Agassiz L. 1847. *Nomenclatoris zooogici, (Index universalis)*. Soloduri: 1-1155.
Alphéraky S. 1883. Lépidoptères du district de Kouldjà *et* des montagnes environnantes. IIIème Partie Geometrae. *Horae Societatis Entomologicae Rossicae*, **17** (3/4): 156-227, pl. VIII & IX.
Alphéraky S. 1888. Neue Lepidopteren. *Stettiner Entomologische Zeitung*, **49**: 66-69.
Alphéraky S. 1892. Lépidoptères repportés de la China *et* de la Mongolie par G.N. Potanine. *In*: Romanoff N M. *Mémoires sur les Lépidoptères/rédigés par N. M. Romanoff St Petersbourg*, **6**: 1-81, pl. 1-3.
Alphéraky S. 1897. Lépidoptères de l'Amour *et* de la Corée. *In*: Romanoff N M. *Mémoires sur les Lépidoptères / rédigés par N. M. Romanoff St Petersbourg*, **9**: 151-184.
Bastelberger S R. 1905. Neue Dysphaniinae aus meiner Sammlung und kritische Bemerkungen zu dinigen Arten dieser Familie. *Stettiner Entomologische Zeitung*, **66**: 201-224.
Bastelberger S R. 1907. Beschreibung neuer und Besprechung weniger bekannter exotischer Geometriden. *Jahrbücher des Nassauischen Vereins für Naturkunde. Wiesbaden*, **60**: 73-90.
Bastelberger S R. 1911a. Neubeschreibungen von Geometriden aus dem Hochgebirge von Formosa. *Internationale Entomologische Zeitschrift*, **4** (46): 248-250.
Bastelberger S R. 1911b. Sechs neue Hemitheinae aus meiner Sammlung. *Internationale Entomologische Zeitschrift*, **5** (8): 53-54.
Beljaev E A. 2007. Taxonomic changes in the emerald moths (Lepidoptera: Geometridae, Geometrinae) of East Asia, with notes on the systematics and phylogeny of Hemitheini. *Zootaxa*, **1584**: 55-68.
Billberg G J. 1820. *Enumeratio insectorum in museo Gust. Joh. Billberg. Typus Gadelianus*. Stockholm: 1-138.
Boisduval J B A D. 1832. *Voyage de découvertes de l'Astrolabe (etc)*. Faune entomologique de l'Océan Pacifique (etc). Part 1: Lépidoptères Paris: J Tastu: 267.
Boisduval J B A D. 1840. *Genera et Index methodicus europaeorum Lepidopterorum*. Paris: Roret, viii+1-238.
Bremer O. 1864. Lepidopteren Ostsibiriens, insbesondere des Amur-Landes, gesammelt von den Herrn G. Radde, R. Maack und P. Wulffius. *Memoires de l'Acad,mie Imp,riale des Sciences de St. Petersbourg*, (7) **8** (1): 1-103, pls. 1-8.
Bryk F. 1949. Zur kenntnis der GroBschmetterlinge von Korea. II. *Arkiv för Zoologi*, **41A** (1): 1-225.
Butler A G. 1878a. Descriptions of new species of Heterocera from Japan. Part III. Geometridae. *Annals and Magazine of Natural History*, (5) **1**: 392-407, 440-452.
Butler A G. 1878b. *Illustrations of Typical Specimens of Lepidoptera Heterocera in the Collection of the British Museum*. London. Part 2. i-x, 1-62, pls. 21-40.
Butler A G. 1879a. Descriptions of new species of Lepidoptera from Japan. *Annals and Magazine of Natural History*, (5) **4**: 349-374, 437-457.
Butler A G. 1879b. *Illustrations of Typical Specimens of Lepidoptera Heterocera in the Collection of the British Museum*. London. Part 3. i-xviii, 1-82, pls. 41-60.
Butler A G. 1880. Descriptions of new species of Asiatic Lepidoptera Heterocera. *Annals and Magazine of Natural History*, (5) **6**: 61-69, 119-129, 214-230.
Butler A G. 1881a. Descriptions of new genera and species of Heterocerous Lepidoptera from Japan. *Transactions of the Entomological Society of London*, **1881**: 1-23, 171-200, 401-426, 579-600.
Butler A G. 1881b. On a collection of Lepidoptera from Western India, Beloochistan and Afghanistan. *Proceedings of the Zoological Society of London*, **1881**: 602-624.
Butler A G. 1882. Description of new species of Lepidoptera from Tenasserim. *Annals and Magazine of Natural History*, (5) **10**: 372-376.
Butler A G. 1883. On a collection of Indian Lepidoptera received from Lieut.-Colonel Charles Swinhoe; with numerous notes by the collector. *Proceedings of the Zoological Society of London*, **1883** (2): 144-175, pl. 1.
Butler A G. 1889. *Illustrations of Typical Specimens of Lepidoptera Heterocera in the Collection of the British Museum*. London. Part 7. 1-iv, 1-124, pls. 121-138.
Butler A G. 1892. On a collection of Lepidoptera from Sandakan, N.E. Borneo. *Proceedings of the Zoological Society of London*, **1892**: 120-133, pl. 6.
Chang W C, Wu S. 2013. Review of the genus *Hemistola* Warren, 1893 in Taiwan with notes on an unusual conifer-feeding larva and descriptions of three new species (Lepidoptera, Geometridae, Geometrinae). *Zootaxa*, **3741** (4): 538-550.
Christoph H. 1881. Neue Lepidopteren des Amurgebietes. *Bulletin de la Soci, t, Imp, riale des Naturalistes de Moscou*, **55** (3): 33-121.
Chu H F. 1981. Geometridae. *In*: Chu H F, *et al. Iconographia heterocerorum Sinicorum* I. Beijing: Science Press: 112-131, pls. 29-37. [朱弘复. 1981. 尺蛾科//朱弘复, 等. 中国蛾类图鉴Ⅰ. 北京: 科学出版社: 112-131, 图版29-37.]
Chu H F. 1982. Lepidoptera: Geometridae. *In*: Chen S X, *et al. Insects of Xizang*. Vol. 2. Beijing: Science Press: 103-109. [朱弘复. 1982. 鳞翅目: 尺蛾科//陈世骧, 等. 西藏昆虫 (第2册). 北京: 科学出版社: 103-109.]
Cotes E C, Swinhoe C. 1888. Geometridae. *A Catelogue of the Moths of India*, Part **4**: 463-590.
Curtis J. 1823-1839. *British Entomology*. London. 16 vols, pls. 1-770.
Denis M, Schiffermüller I. 1775. *Ankúndung eines systematischen Werkes von denSchmetterlinge der Wienergegend*. Wien: 1-324, pls. 1-3.
Djakonov A. 1936. Schwedisch-chinesische wissenschaftliche Expedition nach den nordwestlichen Provinzen Chinas. 57. Lepidoptera. 5. Geometridae. *Arkiv för Zoologi*, **27A** (39): 1-67, figs. 1-20.
Donovan E. 1798. *An epitome of the natural history of the insects of China, comprising figures and descriptions of upwards of one hundred new, singular,

and beautiful species. London. pls. 1-50.
Duponchel M P A J. 1829. In: Godart J B, Duponchel M P A J. Histoire Naturelle des Lépidoptères ou Papillons de France, Paris: Crevot/Méquignon-Marvis, **7** (2): 1-507, pls. 1-38.
Esper E J C. 1776-1830. Die Schmetterlinge in Abbildungen nach der Natur mit Beschreibungen. Erlangen: W. Walthers. Vols. 1-5.
Eversmann E. 1837. Kurze Notizen uber einige Schmetterlinge Russlands. Bulletin de la Soci,t, Imp,riale des Naturalistes de Moscou, **1837**: 29-66.
Fabricius J C. 1775. Systema Entomologicae, sistens Insectorum classes, ordines, genera, species, adjectis, synonymis, locis, descriptionibus, observationibus. Flensburg, Lipsia: 1-832.
Fabricius J C. 1787. Mantissa Insectorum, sistens eorum species nuper detectas. Vol. **2**. Hafniae: 1-382.
Fabricius J C. 1794. Entomologia Systematica Emendata et Aucta. Vol. **3** (2). Hafniae: 1-349.
Felder R, Rogenhofer A F. 1875. Lepidoptera. In: Heft V. Atlas der Heterocera, Geometridae Pterophorida. Reise der österreichischen Fregatte Novara um die Erde, (Zoologischer Theil), **2** (2. Abt): pls. 121-140. Wien.
Fletcher D S. 1957. Macroheterocera of Rennell Island. In: Wolff T L. Natural History of Rennell Island, British Solomon Islands. Copenhagen, **2**: 31-66, figs. 1-90.
Fletcher D S. 1961. Lepidoptera der Deutschen Nepal-Expedition 1955. Geometridae. Veröffentlichungen der Zoologischen Staatssammlung München, **6**: 163-178, pls. 16-28.
Fletcher D S. 1979. Geometroidea. In: Nye I W B. The Generic Names of Moths of the World, Volume 3. London: Trustees of the British Museum (Natural History): 1-243.
Fourcroy De A F. 1785. Entomologia Parisiensis, sive Catalogus Insectorum quae in Agro Parisiensi reperiuntur. Pars II. Paris: 233-544.
Fu C M, Wu S, Shih L C. 2013. Geometridae. In: Fu C M, Ronkay L, Lin S H. Moths of Hehuanshan. Nantou: Endemic Species Research Institute, Council of Agriculture, "Executive Yuan": 63-229. [傅建明, 吴士纬, 施礼正. 2013. 尺蛾科//傅建明, 乐思朗, 林旭红. 合欢山的蛾. 南投: 台湾"行政院"农业委员会特有生物研究保育中心: 63-229.]
Fuchs A. 1902. Beiträge zue Kenntnis der Lepidopteren-Fauna von Sumatra. Jahrbuch des Nassauischen Vereins für Naturkunde, **55**: 83-91.
Galsworthy A C. 1997. New and revised species of Macrolepidoptera from Hongkong. Memoirs of the Hong Kong Natural History Society, **21**: 127-150, figs. 1-25, pl. 1.
Galsworthy A C. 1998. A new species of Pingasa (Lepidoptera, Geometridae, Geometrinae) from Hong Kong. Transactions of the Lepidoptera Society of Japan, **49** (2): 104-106, figs. 1-2.
Gistl J. 1848. Naturgeschichte des Thierreichs für höhere Schulen. Hoffman'scherlags-Buchhandlung. Stuttgart: 1-220, pls. 1-32.
Graeser L. 1889. Beitrage zur Kenntniss der Lepidopteren-Fauna des Amurlandes, ii. Berliner Entomologische Zeitschrift, **32**: 309-414.
Graeser L. 1890a. Beitrage zur Kenntniss der Lepidopteren-Fauna des Amurlandes, iii. Berliner Entomologische Zeitschrift, **33**: 251-268.
Graeser L. 1890b. Beitrage zur Kenntniss der Lepidopteren-Fauna des Amurlandes, iv. Berliner Entomologische Zeitschrift, **35**: 71-84.
Guenée A. 1858 [imprint 1857]. Uranides et Phalénites. In: Boisduval J B A D, Guenée A. Histoire Naturelle des Insectes (Lepidoptera), Species Général des Lépidoptères, **9**: 1-514, pls. 1-56; **10**: 1-584, pls. 1-22.
Guérin-Méneville F E. 1831. Insectes. In: Duperrey L I. Voyage autour du monde, exécuté par ordre du Roi, sur la corvette de sa Majesté, La Coquille, pendant les années 1822, 1923, 1824 et 1825. (Zoologie): pls. 20-21.
Gumppenberg C V. 1887. Systema Geometrarum zonae temperatioris septentrionalis. Theil 1. Nova Acta Academiae Caesarea Leopoldino-Carolinae Germanicum Naturae Curiosorum, **49**: 229-400, pls. 8-10.
Gumppenberg C V. 1895. Systema Geometrarum zonae temperatioris septentrionalis. Siebenter Theil. Nova Acta Academiae Caesarea Leopoldino-Carolinae Germanicum Naturae Curiosorum, **64**: 367-512.
Hampson G F. 1891. The Lepidoptera Heterocera of the Nilgiri district. Illustrations of typical specimens of Lepidoptera Heterocera in the collection of the British Museum. Part VIII. The Lepidoptera Heterocera of the Nilgiri district. Part 8: I-iv, 1-144, pls. 139-156.
Hampson G F. 1895a. Descriptions of new Heterocera from India. Transactions of the Entomological Society of London, **1895**: 277-315.
Hampson G F. 1895b. The fauna of British India, including Ceylon and Burma (Moths). **3**: i-xxviii, 1-546.
Hampson G F. 1898. The Moths of India, Supplementary paper to the volumes in "The Fauna of British India". Series 1, Part 4. Journal of the Bombay Natural History Society, **12**: 73-98.
Hampson G F. 1903. The Moths of India, Supplementary paper to the volumes in "The Fauna of British India". Series 2, Part 8. Journal of the Bombay Natural History Society, **14**: 639-659.
Hampson G F. 1907. The Moths of India, Supplementary paper to the volumes in "The Fauna of British India". Series 3, Part 9. Journal of the Bombay Natural History Society, **18**: 27-53.
Han H X, Expósito A H, Xue D Y. 2009. A taxonomic study of Epipristis Meyrick, 1888 from China, with descriptions of two new species (Lepidoptera: Geometridae, Geometrinae). Zootaxa, **2263**: 31-41.
Han H X, Galsworthy A, Xue D Y. 2005a. A revision of the genus Metallolophia Warren (Lepidoptera, Geometridae, Geometrinae). Journal of Natural History, **39** (2): 165-195, figs. 1-80.
Han H X, Galsworthy A, Xue D Y. 2005b. A Taxonomic Revision of Limbatochlamys Rothschild, 1894 with Comments on Its Tribal Placement in Geometrinae (Lepidoptera: Geometridae). Zoological Studies, **44** (2): 191-199.
Han H X, Galsworthy A, Xue D Y. 2009. A survey of the genus Geometra Linnaeus (Lepidoptera, Geometridae, Geometrinae). Journal of Natural History, **43** (13): 885-922.
Han H X, Galsworthy A, Xue D Y. 2012. The Comibaenini of China (Geometridae: Geometrinae), with a review of the tribe. Zoological Journal of the Linnean Society, **165**: 723-772.
Han H X, Li H M, Xue D Y. 2006. Revision of genus Chlororithra Butler, 1889 (Lepidoptera, Geometridae, Geometrinae). Zootaxa, **1221**: 29-39.
Han H X, Li J, Xue D Y. 2008. Revision of the genus Xenozancla Warren, 1893 (Lepidoptera: Geometridae: Geometrinae) with an analysis of its distribution pattern. Acta Entomologica Sinica, **51** (3): 315-321. [韩红香, 李静, 薛大勇. 2008. 赞青尺蛾属修订及其分布格局分析 (鳞翅目: 尺蛾科: 尺蛾亚科). 昆虫学报, **51** (3): 315-321.]
Han H X, Stüning D, Xue D Y. 2007. Epichrysodes gen. n., a new genus of Geometrinae from the West Tianmu mountains, China (Lepidoptera, Geometridae). with description of a new species. Deutsche entomologische Zeitschrift, **54** (1): 127-135, figs. 1-30.

Han H X, Xue D Y. 2002a. A taxonomic study on the genus *Thalera* Hübner from China (Lepidoptera: Geometridae: Geometrinae). *Acta Zootaxonomica Sinica*, **27** (4): 784-789, figs. 1-9.

Han H X, Xue D Y. 2002b. Lepidoptera: Geometridae. *In*: Huang F S. *Forest Insects of Hainan Island*. Beijing: Science Press: 543-561. [韩红香, 薛大勇, 2002. 鳞翅目: 尺蛾科//黄复生. 海南森林昆虫. 北京: 科学出版社: 543-561.]

Han H X, Xue D Y. 2004. A taxonomy study on *Timandromorpha* Inoue (Lepidoptera: Geometridae). *Oriental Insects*, **38**: 179-188, figs. 1-18.

Han H X, Xue D Y. 2008. A taxonomic review of *Pachyodes* Guenée, 1858, with descriptions of two new species (Lepidoptera: Geometridae, Geometrinae). *Zootaxa*, **1759**: 51-68.

Han H X, Xue D Y. 2009. Taxonomic review of *Hemistola* Warren, 1893 from China, with descriptions of seven new species (Lepidoptera: Geometridae, Geometrinae). *Entomological Science*, **12** (4): 382-410.

Han H X, Xue D Y. 2011a. *Thalassodes* and related taxa of emerald moths in China (Geometridae, Geometrinae). *Zootaxa*, **3019**: 26-50.

Han H X, Xue D Y. 2011b. *Fauna sinica (Insecta Vol. 54, Lepidoptera, Geometridae, Geometrinae)*. Beijing: Science Press: 1-787, figs. 1-929, pls. 1-20. [韩红香, 薛大勇. 2011. 中国动物志 昆虫纲 第五十四卷 鳞翅目 尺蛾科 尺蛾亚科. 北京: 科学出版社: 1-787, 图 1-929, 图版 1-20.]

Han H X, Xue D Y, Li H M. 2003. A Study on the Genus *Herochroma* Swinhoe in China, with Descriptions of Four New Species. *Acta Entomologica Sinica*, **46** (5): 629-639, figs. 1-16.

Hedemann W. 1879. Beitrag zur Lepidopteren-Fauna des Amurlandes. *Horae Societatis Entomologicae Rossicae*, **14**: 506-516, pl. 3.

Herbulot C. 1989. Nouveaux Geometridae de Malaisie (Lepidoptera). *Lambillionea*, **88** (11-12): 171-172.

Herbulot C. 1994. Un nouveau *Chloroglyphica* du Sikkim (Lepidoptera Geometridae). *Bulletin de la Société entomologique de Mulhouse*. **1994**: 65.

Herrich-Schäffer G A W. 1854. *Sammlung neuer oder wenig aussereuropäischer Schmetterlinge*, (1) **1** (11): wrapper, pl. 41, figs. 205-206 Regensburg.

Herrich-Schäffer G A W. 1855. *Sammlung neuer oder wenig aussereuropäischer Schmetterlinge*, (1) **1** (13-22): wrapper, pls. 49-88, figs. 259-505 Regensburg.

Herrich-Schäffer G A W. 1861. *Neue Schmetterlinge aus Europa und den angrenzenden Ländern*, **3**: 25-32, pls. 1-8 Regensburg.

Höfner G. 1880. Die Schmetterlinge des Lavantthales und der beiden Alpen "Kor- und Saualpe". (IV. Nachtr.). *Jahrbuch des Naturhistorischen Landesmus*, **14**: 259-266.

Holloway J D. 1976. *Moths of Borneo with special reference to Mount Kinabalu*. Kuala Lumpur, viii+1-264.

Holloway J D. 1982. Taxonomic Appendix. *In*: Barlow H S. *An Introduction to the Moths of South East Asia*: 174-305, figs. 1-72, pls. 1-50.

Holloway J D. 1996. The moths of Borneo: family Geometridae, subfamilies Oenochrominae, Desmobathrinae and Geometrinae. *Malayan Nature Journal*, **49** (3-4): 147-326, figs. 1-427, pls. 1-12.

Holloway J D, Sommerer M D. 1984. Spolia Sumatrensisa: three new Geometrinae. *Heterocera Sumatrana*, **2**: 20-25.

Hübner J. 1799-1831. *Samml. Eur. Schmett. 5 Geometra*, (1): pls. 1-113. Augsburg.

Hübner J. 1816-1826. *Verzeichniss bekannter Schmettlinge*. Augsburg: 1-431.

Hübner J. 1822. *Systematisch-alphabetisches Verzeichniss aller bisher bey den Fürbildungen zur Sammlung Europäischer Schmetterlinge angegebenen Gattungsbenennungen: mit Vormerkung auch Augsburgischer Gattungen*. Augsburg: vi, 1-81.

Hufnagel J S. 1767. Fortsetzung der Tabelle von den Nachtvögeln, welche die 3te Art derselben, nehmlich die Spannenmesser (Phalaenas Geometras Linnaei) enthält. *Berlinisches Magazin*, **4**: 504-527, 599-619.

ICZN (the International Commission on Zoological Nomenclature). 1957. Geometridae (correction of Geometrida Leach, 1818) placed on Official List of Family-Group Names on Zoology. *Opin. Decl. int. Commn zool. Nom.*, **15** (Opinion 450): 254.

Inoue H. 1942. New and unrecorded Geometridae from Japan. *Transactions of the Kansai Entomological Society*, **12** (1): 8-23, pls. 4-6.

Inoue H. 1944. Notes on some Japanese Geometridae. *Transactions of the Kansai Entomological Society*, **14** (1): 60-71, figs. 1-10.

Inoue H. 1946. Notes on some Geometridae from Japan, Corea and Saghalien. *Bulletin of the Lepidopterological Society of Japan*, **1**: 1-17, figs. 1-9.

Inoue H. 1956. Miscellaneous notes on the Japanese Geometridae (VI). *Tinea*, **3** (1/2): 165-169.

Inoue H. 1961. Lepidoptera: Geometridae. *Insecta Japonica*, (1) **4**: 1-106, pls. 1-7, Hokuryukan, Tokyo.

Inoue H. 1963. Descriptions and records of some Japanese Geometridae (Ⅲ). *Tinea*, **6** (1/2): 29-39, figs. 1-7, pl. 1.

Inoue H. 1964. Some new subspecies of the Geometridae from the Ryukyu archipelago and Formosa (Lepidoptera). *Kontyu*, **32** (2): 335-340, pl. 1, figs. 1-6.

Inoue H. 1970. Some new species and subspecies of the Geometridae from Taiwan (Lepidoptera). *Bulletin Faculty of Domestic Sciences of Otsuma Women's University*, **6**: 1-5, pls. 1-3.

Inoue H. 1971. The Geometridae of the Ryukyu Islands (Lepidoptera). *Bulletin Faculty of Domestic Sciences of Otsuma Women's University*, **7**: 141-179, pl. 1-6.

Inoue H. 1976. Descriptions and records of some Japanese Geometridae (V). *Tinea*, **10** (2): 7-37, figs. 1-56.

Inoue H. 1977. Catalogue of the Geometridae of Japan (Lepidoptera). *Bulletin Faculty of Domestic Sciences of Otsuma Women's University*, **13**: 227-346, figs. 1-80.

Inoue H. 1978. New and unrecorded species of the Geometridae from Taiwan with some synonymic notes (Lepidoptera). *Bulletin Faculty of Domestic Sciences of Otsuma Women's*, **14**: 203-254, figs. 1-129.

Inoue H. 1982a. Geometridae of Eastern Nepal based on the collection of the Lepidopterological Research Expedition to Nepal Himalaya by the Lepidopterological Society of Japan in 1963. Part II. *Bulletin Faculty of Domestic Sciences of Otsuma Women's*, **18**: 129-190, figs. 1-51.

Inoue H. 1982b. Geometridae. *In*: Inoue H, et al. *Moths of Japan*. Vol. 1 & 2. Kodansha, Tokyo, **1**: 425-573; **2**: 263-310, pls. 55-108, 228-229, 232, 314-344.

Inoue H. 1983. Eleven new species of the Geometridae from Taiwan. *Tinea*, **11** (16): 139-154, figs. 1-24.

Inoue H. 1986a. Descriptions and records of some Japanese Geometridae (6). *Tinea*, **12** (7): 45-71, figs. 1-27.

Inoue H. 1986b. Further new and unrecorded species of the Geometridae from Taiwan with some synonymic notes (Lepidoptera). *Bulletin Faculty of Domestic Sciences of Otsuma Women's*, **22**: 211-267, figs. 1-67.

Inoue H. 1989. The genus *Gelasma* Warren from Taiwan (Lepidoptera: Geometridae). *Bulletin Faculty of Domestic Sciences of Otsuma Women's*, **25**: 245-271, figs. 1-52.

Inoue H. 1990a. A revision of the genus *Dindica* Moore (Lepidoptera: Geometridae). *Bulletin Faculty of Domestic Sciences of Otsuma Women's*, **26**: 121-161, figs. 1-123.

Inoue H. 1990b. A new species of the Geometrinae from Japan (Lepidoptera: Geometridae). *Akitu*, **116**: 1-4.

Inoue H. 1992a. Geometridae. *In*: Heppner J B, Inoue H. *Lepidoptera of Taiwan. Vol. 1*. Gainesville, Florida: Association for Tropical Lepidopteran and Scientific Publishers, Gainesville, Florida: 111-129.

Inoue H. 1992b. Twenty-four new species, one new subspecies and two new genera of the Geometridae (Lepidoptera) from east Asia. *Bulletin Faculty of Domestic Sciences of Otsuma Women's University*, **28**: 149-188, figs. 1-91.

Inoue H. 1999. Revision of the genus *Herochroma* Swinhoe (Geometridae, Geometrinae). *Tinea*, **16** (2): 76-105, figs. 1-107.

Inoue H. 2005. Notes on *Thalassodes*-group of moths (Geometridae, Geometrinae) from Taiwan, with description of a new species. *Transactions of the Lepidoptera Society of Japan*, **56** (4): 279-286.

Inoue H. 2006. *Thalassodes*-group of Emerald Moths from Sulawesi and the Philippine Islands (Geometridae, Geometrinae). *Tinea*, **19** (3): 214-243.

Jiang N, Stüning D, Xue D Y, Han H X. 2016. Revision of the genus *Metaterpna* Yazaki, 1992 (Lepidoptera, Geometridae, Geometrinae), with description of a new species from China. *Zootaxa*, **4200** (4): 501-514.

Kardakoff N. 1928. Zur Kenntnis der Lepidopteren des Ussuri-Gebietes. *Entomologische Mitteilungen*, **17**: 261-273, 414-425, pls. 1-5, figs. 1-2.

Kawazoe A, Ogata M. 1963. A list of the moths from the Amami Islands (Ⅰ). *Tyôto Ga*, **13** (1): 13-27.

Kollar V, Redtenbacher L. 1844. Aufzählung und Beschreibung der von Freiherrn Carl v. Hügel auf seiner Reise durch Kaschmir und das Himaleyagebirge gesammelten Insecten (Part 2). *In*: von Hügel C. *Kaschmir und das Reich der Siek*. Stuttgart, **4** (2): 393-564, 582-585.

Leach W E. 1815. Entomology. *In*: Brewster D. *Brewster's Edinburgh Encyclopaedia*. Edinburgh. Printed for William Blackwood, 1830. Vols. 1-18 Text, Vols. 19-20 Plates.

Leech J H. 1889. On a Collection of Lepidoptera from Kiukiang. *Transactions of the Entomological Society of London*, **1889** (1): 99-148, pls. 7-9.

Leech J H. 1897. On Lepidoptera Heterocera from China, Japan, and Corea. *Annals and Magazine of Natural History*, (6) **20**: 65-111, 228-248, pls. 7-8.

Linnaeus C. 1758. *Systema Naturae* (Ed. 10). Stockholm: 1-823.

Linnaeus C. 1761. *Fauna Svecica* (Ed. 2). Stockholm: 1-578

Linnaeus C. 1767. *Systema Naturae* (Ed. 12). Stockholm: 533-1327.

Lucas T P. 1891. On Queensland and other Australian Lepidoptera with descriptions of new species. *Proceedings of the Linnean Society of New South Wales*, (2) **6** (2): 277-306.

Lucas T P. 1900. New species of Queensland Lepidoptera. *Proceedings of the Royal Society of Queensland*, **15**: 137-161.

Mabille L. 1900. Lepidoptera nova malgassica et africana. *Annales de la Société entomologique de France*, **68** (4): 723-753.

Mabille P. 1880. No title. *Bulletin de la Société entomologique de France*, **5** (9): 154-155.

Matsumura S. 1917. *Oyo Konchu-gaku* (Applied Entomology). *The Keiseisha, Tokyo*: 1-731.

Matsumura S. 1925. An enumeration of the butterflies and moths from Saghalien, with descriptions of new species and subspecies. *Journal of the College of Agriculture, Hokkaido Imperial University*, **15** (3): 83-196.

Matsumura S. 1931. *6000 illustrated Insects of the Japan-Empire*. Tokyo: 1497+1-191, pl. 1-10.

Mattuschka J C. 1805. *Raupen- und Schmetterlings-Tabellen fuer Insecten-Sammler, und besonders diejenigen, welche sich mit Abwartung derselben abgeben wollen*. Leipzig: xii+1-135.

Ménétriès J E. 1858. Lepidoptères de la Sibérie orientale et en particulier des rives de l'Amour. *Bulletin de la Classe Physico-Mathématique de l'Académie Impériale des Sciences de St.-Pétersbourg*, **17** (12-14): 212-221.

Meyrick E. 1888. Descriptions of Australian Micro-lepidoptera. *Proceedings of the Linnean Society of New South Wales*, (2) **2**: 827-966.

Meyrick E. 1892. On the classification of the Geometrina of the European fauna. *Transactions of the Entomological Society of London*, **1892**: 53-140, pl. 3.

Meyrick E. 1897. On Lepidoptera from the Malay Archipelago. *Transactions of the Entomological Society of London*, **1897**: 69-92.

Moore F. 1868. On the Lepidopterous Insects of Bengal. (Tribe Geometres, et al.). *Proceedings of the Zoological Society of London*, **1867**: 612-686, pls. 32-33.

Moore F. 1872. Description of New Indian Lepidoptera. *Proceedings of the Zoological Society of London*, **1872**: 555-583, pls. 32-34.

Moore F. 1877. The Lepidoptera fauna of the Andaman and Nicobar Islands. *Proceedings of the Zoological Society of London*, **1877** (3): 580-632, pls. 58-61.

Moore F. 1879. A list of the lepidopterous insects collected by Ossian Limborg in Upper Tenasserim, with descriptions. *Proceedings of the Zoological Society of London*, **1878** (4): 846.

Moore F. 1886. List of the Lepidopterous Insects collected in Tavoy and in Siam during 1884-5 by the Indian Museum Part Ⅰ. *Journal of the Royal Asiatic Society of Bengal*, **55** (2): 97-101.

Moore F. 1887. *The Lepidoptera of Ceylon*. Vol. 3. Reeve, London: i-xv, 1-578, pls. 144-215.

Moore F. 1888. Descriptions of New Indian Lepidopterous Insects from the colletion of the late Mr. W.S. Atkinson. Heterocera continued (Pyralidae, Crambidae, Geometridae, Tortricidae, Tineidae). *In*: Hewitson W C, Moore F. *Descriptions of new Indian lepidopterous insects from the collection of the late Mr. W.S. Atkinson*. Calcutta: Asiatic Society of Bengal, (3): 199-299, pls. 7-8.

Motschulsky V De. 1861 [imprint 1860]. Insectes du Japan. *Études D'entomologie*, **9**: 4-41.

Müller O F. 1764. *Fauna insectorum Fridrichsdalina, sive methodica descriptio insectorum agri Fridrichsdalensis, cum characteribus genericis generis et specificis, nominibus trivialis, locis natalibus, iconibus allegatis, novisque pluribus speciebus additis*. Gleditsch, Hafniae et Lipsiae: xxiv+1-96.

Oberthür C. 1879. *Diagnoses d'Especes nouvelles de Lepidopteres de l'Ile Askold*. Rennes: 1-16.

Oberthür C. 1884. No title. *Bulletin de la Société entomologique de France*, (6) **3**: 11-13, 43, 76-77, 84, 128-129.

Oberthür C. 1913. *Hypochroma borbonisaria* f. 1702, *thyatiraria* f. 1703, *euclidiaria* f. 1704, *abraxas* f. 1705, *danielaria* f. 1697, *albida* f. 1698, spp. n. *Études de Lépidoptérologie Comparée*, **7**: 290, 291.

Oberthür C. 1916. Révision iconographique des Espèces de Phalénites Enumaérées et décrites par Achille Guenée dans les Volumes 9 et 10 du Species général des Lépidoptères. *Études de Lépidoptérologie Comparée*, **12**: 67-176, pls. 382-401.

Okano M. 1959. New or little known moths from Formosa (2). *Annual report of the Gakugei Faculty of the Iwate University*, **14** (2): 37-42, fig. 1, pl. 1.

Okano M. 1960. New or little known moths from Formosa (4). *Annual report of the Gakugei Faculty of the Iwate University*, **16** (2): 9-20, figs. 1-16, pls. 1-2.

Pagenstecher A. 1885. Beiträge zur Lepidopteren-Fauna des malayischen Archipels. (Ⅱ) Heterocera der Insel Nias (bei Sumatra). *Jahrbuch des Nassauischen Vereins für Naturkunde*, **38**: 1-71, pl. 1-2.

Pitkin L M, Han H X, James S. 2007. Moths of the tribe Pseudoterpnini (Geometridae: Geometrinae): a review of the genera. *Zoological Journal of the Linnean Society*, **150**: 343-412.

Poujade G A. 1895a. Nouvelles especes de Lepidopteres Heteroceres (Phalaenidae) recueillis a Mou-Pin par M. l'Abbe A. David. *Annales de la Société Entomologique de France*, **64**: 307-316, pls. vi & vii.

Poujade G A. 1895b. Nouvelles espèces de Phalaenidae recueillis à Moupin par l'Abbé A. David. *Bulletin du Muséum d'Histoire Naturelle, Paris*, **1** (2): 55-59.

Prout L B. 1911. New species of Hemitheinae (Geometrinae, Auctt.). *Entomologist*, **44**: 26-29.

Prout L B. 1912, 1913c (1912-1916). The Palaearctic Geometrae. *In*: Seitz A. *The Macrolepidoptera of the World*. Verlag A. Kernen, Stuttgart, **4**: 1-479, pls. 1-25.

Prout L B. 1912. Lepidoptera Heterocera, Fam. Geometridae, subfam. Hemitheinae. *In*: Wytsman P. *Genera Insectorum*, **129**. Verteneuil & Desmet, Bruxelles: 1-274, pls. 1-5.

Prout L B. 1913a. Geometridae: Subfam. Hemitheinae. *In*: Wagner H H. *Lepidopterorum Catalogue*. Pars, **14**: 1-192.

Prout L B. 1913b. Contributions to a knowledge of the subfamilies Oenochrominae and Hemitheinae of Geometridae. *Novitates Zoologicae*, **20**: 388-442.

Prout L B. 1914. H. Sauter's Formosa-Ausbeute. Geometridae (Lepidoptera). *Entomologische Mitteilungen*, **3**: 236-249, 259-273.

Prout L B. 1916a. New species of indo-australian Geometridae. *Novitates Zoologicae*, **23**: 1-77.

Prout L B. 1916b. New indo-australian Geometridae. *Novitates Zoologicae*, **23**: 191-227.

Prout L B. 1917a. New Geometridae in the Joicey collection. *Annals and Magazine of Natural History*, (8) **20**: 108-128, pl. vii.

Prout L B. 1917b. On new and insufficiently known indo-australian Geometridae. *Novitates Zoologicae*, **24**: 293-317.

Prout L B. 1918. New Lepidoptera in the Joicey collection. *Annals and Magazine of Natural History*, (9) **1**: 18-32.

Prout L B. 1919. New species and forms in the Joicey collection. *Annals and Magazine of Natural History*, (9) **4**: 277-282.

Prout L B. 1920a. New moths in the Joicey collection. *Annals and Magazine of Natural History*, (9) **5**: 286-293.

Prout L B. 1920b. New Geometridae. *Novitates Zoologicae*, **27**: 265-312.

Prout L B. 1922. Some new Geometridae and Dioptidae in the Joicey Collection. *Bulletin of the Hill Museum, Witley*, **1** (2): 252-269.

Prout L B. 1923. New species and forms of Geometridae. *Annals and Magazine of Natural History*, (9) **11**: 305-322.

Prout L B. 1926. New Geometridae. *Novitates Zoologicae*, **33**: 1-32.

Prout L B. 1926-1927. On a collection of moths of the family Geometridae from Upper Burma made by Captain A.E. Swann. Parts 1-4. *Journal of the Bombay Natural History Society*, 1926, **31**: 129-146, pl. 1; 1927, 308-322, pl. 1; 780-799; 932-950.

Prout L B. 1930a. A catalogue of the Lepidoptera of Hainan. *Bulletin of the Hill Museum, Witley, Surrey*, **4**: 125-144.

Prout L B. 1930b. On the Japanese Geometridae of the Aigner collection. *Novitates Zoologicae*, **35**: 289-377, fig. 1.

Prout L B. 1931. Spolia Mentawiensia. Geometridae (Lep.). *Novitates Zoologicae*, **37**: 1-17.

Prout L B. 1932, 1933, 1934 (1920-1941). The Indoaustralian Geometridae. *In*: Seitz A. *The Macrolepidoptera of the World*. Verlag A. Kernen, Stuttgart. **12**: 1-356, pls. 1-41, 50.

Prout L B. 1934. New species and subspecies of Geometridae. *Novitates Zoologicae*, **39**: 99-136.

Prout L B. 1934-1939. Geometridae. *In*: Seitz A. *The Macrolepidoptera of the World*. Verlag A. Kernen, Stuttgart. **4** (Suppl.): 1-253, pls. 1-18.

Prout L B. 1935. New Geometridae from East Java. *Novitates Zoologicae*, **39**: 221-238.

Prout L B. 1937. New and little-known Bali Geometridae in the Tring Museum. *Novitates Zoologicae*, **40**: 177-189.

Prout L B. 1939. *Neobalbis mansfieldi*, sp. n. (Lep. Geometridae). *Entomologist*, **72**: 208.

Pryer W B. 1877. Descriptions of new species of Lepidoptera from North China. *Cistula Entomologica*, **2** (18): 231-235, pl. 4: 1-13.

Püngeler R. 1909. Neue palaearctische Macrolepidopteren. *Deutsche Entomologische Zeitschrift, Iris*, **21**: 286-303.

Raineri V. 1994. Some considerations on the genus *Thetidia* and description of a new genus: *Antonechloris* gen. nov. *Atalanta*, **25** (1-2): 365-372.

Retzius A J. 1783. *Caroli DeGeer Genera et Species Insectorum*. Lipsiæ: 1-220.

Rothschild H W. 1894. Some new species of Lepidoptera. *Novitates Zoologicae*, **1**: 535-540.

Sauber A. 1915. Mitteilungen aus dem Entomologischen Verein Hamburg-Altona. *Internationale Entomologische Zeitschrift*, **8** (36): 203.

Scoble M J. 1999. *Geometrid Moths of the World: a Catalogue (Lepidoptera, Geometridae)*. Vol. **1**, **2**. CSIRO, Colingwood. xxv+1-1016.

Scoble M J, Hausmann A. (updated 2007). Online list of valid and available names of the Geometridae of the world. Available at: http://www.lepbarcoding.org/geometridae/species_checklists.php. (accessed on 6 August 2017)

Scopoli G A. 1763. *Entomologia Carniolica, exhibens insecta Carnioliæ indigena et distributa in ordines, genera, species, varietates. Methodo Linnæana*. Vindobonæ. xxxvi+1-420, pl. 43.

Snellen P C T. 1880-1892. Lepidoptera. *In*: Veth P J. *Midden-Sumatra 4, Leiden*: Brill: 1-92.

Staudinger O. 1871. *Catalog der Lepidopteren des Europaeischen Faunengebiets*. Dresden (Burdach): xxxvii+1-426.

Staudinger O. 1897. Die Geometriden des Amurgebiets. *Deutsche Entomologische Zeitschrift, Iris*, **10**: 1-122, pls. 1-3.

Staudinger O. 1898. Neue Lepidopteren aus Palästina. *Deutsche Entomologische Zeitschrift, Iris*, **10**: 271-319.

Staudinger O. 1901. XXV. Geometridae. *In*: Staudinger O, Rebel H. *Catalog der Lepidopteren Des Palaearctischen Faunengebietes*. 1: Theil: Famil. Papilionidae-Hepialidae: 260-334. Berlin: Royal Friedländer & Sohn.

Stephens J F. 1827-1835. *Illustrations of British Entomology*. Haustellata. Vols 1-4.

Sterneck J. 1927. Die Schmetterlinge der Stötznerschen Ausbeute. Geometridae, Spanner. *Deutsche Entomologische Zeitschrift, Iris*, **41**: 9-32, 147-171.

Sterneck J. 1928. Die Schmetterlinge der Stötznerschen Ausbeute. Geometridae, Spanner. *Deutsche Entomologische Zeitschrift, Iris*, **42**: 131-248, pls. 2-5.

Stoll C. 1775-1782. *In*: Cramer P. *Uitlandsche Kapellen*. ca.1775. Vols 1-4.

Stüning D, Yazaki K. 2008. Three new species of the genus *Timandromorpha* Inoue, 1944 (Lepidoptera, Geometridae, Geometrinae) from southeast Asia. *Tinea*, **20** (4): 253-263.

Swainson W. 1833. *Zoological illustrations*. Second Ser., Vol. 3. Baldwin, Cradrock, and R. Havell, London: 92-136.

Swinhoe C. 1890. The Moths of Burma. *Transactions of the Entomological Society of London*, **1890** (2): 161-296, pls. 6-8.

Swinhoe C. 1891. New species of Heterocera from the Khasia Hills. Part Ⅰ. *Transactions of the Entomological Society of London*, **1891**: 473-495, pl. 19.

Swinhoe C. 1892. New species of Heterocera from the Khasia Hills. Part Ⅱ. *Transactions of the Entomological Society of London*, **1892**: 1-20, pl. 1.

Swinhoe C. 1893a. On new Geometers. *Annals and Magazine of Natural History*, (6) **12**: 147-157.

Swinhoe C. 1893b. New species of oriental moths. *Annals and Magazine of Natural History*, (6) **12**: 218-225, 265.

Swinhoe C. 1894a. A list of the Lepidoptera of the Khasia Hills. Part II. *Transactions of the Entomological Society of London*, **1894**: 145-223, pl. 2.

Swinhoe C. 1894b. New species of Geometers and Pyrales from the Khasia Hills. *Annals and Magazine of Natural History*, (6) **14**: 135-149, 197-210.

Swinhoe C. 1900. *Catalogue of eastern and Australian Lepidoptera Heterocera in the Collection of the Oxford University Museum*. Part 2 Noctuina Geometrina, Pyralidina, Pterophoridae and Tineina. Oxford: vii+1-630, pl. 1-8.

Swinhoe C. 1902. New and lettle known species of Drepanulidae, Epiplemidae, Microniidae and Geometridae in the National Collection. *Transactions of the Entomological Society of London*, **1902** (3): 585-677.

Swinhoe C. 1903. New species of Eastern and African Lepidoptera. *Annals and Magazine of Natural History*, (7) **11**: 499-511.

Swinhoe C. 1905. New species of eastern Heterocera in the National Collection. *Annals and Magazine of Natural History*, (7) **15**: 149-167.

Thierry-Mieg P. 1905. Descriptions de Lépidoptères Nouveaux. *Naturaliste*, **19**: 181.

Thierry-Mieg P. 1915. Descriptions de Lépidoptères Nouveaux. *Miscellanea Entomologica*, **22** (10): 37-48.

Turner A J. 1904. New Australian Lepidoptera, with synonymic notes and other notes. *Transactions of the Royal Society of South Australia*, **28**: 212-247.

Turner A J. 1910. Revision of Australian Lepidoptera. V. *Proceedings of the Linnean Society of New South Wales*, **35**: 555-653.

Turner A J. 1917. Lepidopterological gleanings. *Proceedings of the Royal Society of Queensland*, **29**: 70-106.

Viidalepp J. 1976. A list of the Geometridae (Lepidoptera) of the USSR. Communication 1-4. *Entomologicheskoe Obozrenie*, **55**: 842-852.

Viidalepp J, Lindt A, Han H X. 2012, *Pelagodes cancriformis*, a new emerald moth species from the north of Thailand, Laos and southern China (Lepidoptera, Geometridae: Geometrinae). *Zootaxa*, **3478**: 429-433.

Villers D C. 1789. *Caroli Linnaei Entomologica, Faunae Sueciae descriptionibus aucta...generum specierumque rariorum iconibus ornata*. Vols. 1-4. Lyon.

Walker F. 1854, 1860, 1861, 1862, 1863, 1866. *List of Specimens of Lepidopterous Insects in the Collection of the British Museum*. London: British Museum: 1854, part **2**: 279-581; 1860, part **21**: 277-498; 1861, part **22**: 500-755, part **23**: 757-1020; 1862, part **24**: 1021-1280; 1863, part **26**: 1479-1796; 1866, part **35**: 1535-2040.

Walker F. 1862. Characters of undescribed Lepidoptera in the collection of W.W. Saunders Esq. *Transactions of the Entomological Society of London*, (3) **1**: 70-128.

Walker F. 1869. *Characters of undescribed Lepidoptera Heterocera*. London: E. W. Janson: 1-112.

Wang H Y. 1997. Geometer Moths of Taiwan. Vol. 1. Taipei: Taiwan Museum: 1-405. [王效岳. 1997. 台湾尺蛾科图鉴 (1). 台北: 台湾省立博物馆: 1-405.]

Warren W. 1893. On new genera and species of moths of the family Geometridae from India, in the collection of H.J. Elwes. *Proceedings of the Zoological Society of London*, **1893**: 341-434, pls. 30-32.

Warren W. 1894a. New genera and species of Geometridae. *Novitates Zoologicae*, **1**: 366-466.

Warren W. 1894b. New species and genera of Indian Geometridae. *Novitates Zoologicae*, **1**: 678-682.

Warren W. 1895. New species and genera of Geometridae in the Tring Museum. *Novitates Zoologicae*, **2**: 82-159.

Warren W. 1896a. New Geometridae in the Tring Museum. *Novitates Zoologicae*, **3**: 99-148.

Warren W. 1896b. New species of Drepanulidae, Uraniidae, Epiplemidae, and Geometridae from the Papuan region, collected by Mr. Altert S. Meek. *Novitates Zoologicae*, **3**: 272-306.

Warren W. 1896c. New Indian Epiplemidae and Geometridae. *Novitates Zoologicae*, **3**: 307-321.

Warren W. 1896d. New species of Drepanulidae, Thyrididae, Uraniidae, Epiplemidae, and Geometridae in the Tring Museum. *Novitates Zoologicae*, **3**: 335-419.

Warren W. 1897a. New genera and species of Moths from the Old-World Regions in the Tring Museum. *Novitates Zoologicae*, **4**: 12-130.

Warren W. 1897b. New genera and species of Drepanulidae, Thyrididae, Epiplemidae, Uraniidae and Geometridae in the Tring Museum. *Novitates Zoologicae*, **4**: 195-262, pl. 5.

Warren W. 1897c. New genera and species of moths from the Old-World Region in the Tring Museum. *Novitates Zoologicae*, **4**: 378-402.

Warren W. 1898a. New species and genera of the families Thyrididae, Uraniidae, Epiplemidae, and Geometridae from the Old-World Regions. *Novitates Zoologicae*, **5**: 5-41.

Warren W. 1898b. New species and genera of the families Drepanulidae, Thyrididae, Uraniidae, Epiplemidae, and Geometridae from the Old-World Regions. *Novitates Zoologicae*, **5**: 221-258.

Warren W. 1899. New species and genera of the families Drepanulidae, Thyrididae, Uraniidae, Epiplemidae, and Geometridae from the Old-World Regions. *Novitates Zoologicae*, **6**: 1-66.

Warren W. 1900. New genera and species of Drepanulidae, Thyrididae, Epiplemidae and Geometridae from the Indo-Australian and Palaearctic Regions. *Novitates Zoologicae*, **7**: 98-116.

Warren W. 1904. New genera and species of Geometridae. *Novitates Zoologicae*, **1**: 366-466.

Warren W. 1905. New species of Thyrididae, Uraniidae, and Geometridae, from the Oriental Region. *Novitates Zoologicae*, **12**: 410-491.

Warren W. 1907. New Drepanulidae, Thyrididae Uraniidae and Geometridae from British New Guinea. *Novitates Zoologicae*, **14**: 97-186.

Warren W. 1909. New species of Thyrididae, Uraniidae and Geometridae from the Oriental Region. *Novitates Zoologicae*, **16**: 123-128.

Wehrli E. 1923. Neue palaearktische Geometriden-Arten und Formen aus Ostchina. (Sammlung Hone.). *Deutsche Entomologische Zeitschrift, Iris*, **37**: 61-75.

Wehrli E. 1924. Neue und wenig bekannte palaarktische und Sudchinesische Geometriden-Arten und Formen. (Sammlung Hone.) ii. Teil. *Mitteilungen der Münchner Entomologischen Gesellschaft*, **14** (6-12): 130-142.

Wehrli E. 1928. Neue Pesychiden und Geometriden (Lepidoptera). *Internationale Entomologische Zeitschrift*, **21** (46): 454-457.

Wehrli E. 1932. Ein neues Genus, ein neues Subgenns und 4 neue Arten von Geometriden aus meiner Sammlung. *Eutmologisdae Rundschau*, **49**: 220-222, 225-227, figs. 1-5.

Wehrli E. 1933. Neue *Terpna*-, *Calleulype*-und *Obeidia*-Arten und-Rassen aus meiner Sammlung (Lep. Hes.). *Internationale Entomologische Zeitschrift*, **27**(4): 37-44.

Wileman A E. 1911a. New species of Geometridae from Formosa. *Entomologist*, **44**: 271-272, 295-297.

Wileman A E. 1911b. New and unrecorded species of Lepidoptera Heterocera from Japan. *Transactions of the Entomological Society of London*, **1911**: 189-407, pls. 30-31.

Wileman A E. 1912. New species of Lepidoptera from Formosa. *Entomologist*, **45**: 258-260.

Wileman A E. 1914. New species of Geometridae from Formosa. *Entomologist*, **47**: 201-203, 290-293, 319-323.

Wileman A E. 1916. New species of Geometridae from Formosa. *Entomologist*, **49**: 34-37.

Xue D Y. 1992. Geometridae. *In*: Liu Y Q. *Iconography of Forest Insects in Hunan China*. Changsha: Hunan Science and Technology Press: 807-904. [薛大勇. 1992. 鳞翅目: 尺蛾科//刘友樵. 湖南森林昆虫图鉴. 长沙: 湖南科学技术出版社: 807-904.]

Xue D Y, Wang X J, Han H X. 2009. A revision of *Episothalma* Swinhoe, 1893, with descriptions of two new species and one new genus (Lepidoptera, Geometridae, Geometrinae). *Zootaxa*, **2033**: 12-25.

Yang J K. 1978. *Moths of North China*. Vol. 2. Beijing: Beijing Agricultural University Press: 301-527, pls. 13-40. [杨集昆. 1978. 华北灯下蛾类图志 (中). 北京: 北京农业大学出版社: 301-527, 图版 13-40.]

Yazaki K. 1988. Descriptions of four new species of the genus *Paramaxates* from Southeast Asia (Geometridae: Geometrinae). *Tinea*, **12** (13): 113-118, fig. 13.

Yazaki K. 1991. Geometridae. *In*: Kishida Y, Yazaki K. Notes on some moths from Taiwan. X. *Japan Heterocerists' Journal*, **165**: 264-265.

Yazaki K. 1992. Geometridae. *In*: Haruta T. Moths of Nepal. Part 1. *Tinea*, **13** (Suppl. 2): 5-46, figs. 1-33, pls. 2-12.

Yazaki K. 1993. Geometridae. *In*: Haruta T. Moths of Nepal. Part 2. *Tinea* **13** (Suppl. 3): 103-121, figs. 241-277, pls. 59-60.

Yazaki K. 1994. Geometridae. *In*: Haruta T. Moths of Nepal. Part 3. *Tinea*, **14** (Suppl. 1): 5-40, figs. 331-383, pls. 66-72.

Yazaki K. 1997. Three new species of *Dooabia* Warren (Geometridae, Geometrinae). *Tinea*, **15** (2): 101-105.

Yazaki K, Wang M. 2003. Notes on geometrid moths (Lepidoptera, Geometridae) from Nanling Mts, S. China (I). *Tinea*, **17** (4): 200-211.

Yazaki K, Wang M. 2004. Notes on geometrid moths (Lepidoptera, Geometridae) from Nanling Mts, S. China (III). *Tinea*, **18** (2): 117-126.

Yazaki K, Wang M. 2011. Geometridae (2). *In*: Wang M, Kishida Y. *Moths of Guangdong Nanling National Nature Reserve*. Keltern: Goecke & Evers: 72-124. [矢崎克己, 王敏. 2011. 尺蛾科 (2)//王敏, 岸田泰则. 广东南岭国家级自然保护区蛾类. Keltern: Goecke & Evers: 72-124.]

Yazaki K, Wang M, Huang G H. 2004. Notes on geometrid moths (Lepidoptera, Geometridae) from Nanling Mts, S. China (II). *Tinea*, **18** (1): 56-64, figs. 1-23.

Zeller P C. 1872. Beiträge zur Kenntniss der nordamerikanischen Nachfalter, besonders der Microlepidopteren. Erste Abtheilung. *Verhandlungen der Zoologisch-Botanischen Gesellschaft in Wien*, **22**: 447-566.

中文名索引

A

安仿锈腰尺蛾, 5
暗斑京尺蛾, 19
暗绿尺蛾, 9
暗青尺蛾属, 50
暗无缰青尺蛾, 25
鳌海绿尺蛾, 46

B

巴陵尖尾尺蛾, 37
巴始青尺蛾, 29
巴塘异尺蛾, 41
白斑突尾尺蛾, 32
白波纹突尾尺蛾, 32
白带青尺蛾, 24
白点二线绿尺蛾, 53
白顶峰尺蛾, 15
白弧彩青尺蛾, 21
白尖涡尺蛾, 16
白尖涡尺蛾湖南亚种, 16
白尖涡尺蛾指名亚种, 16
白脉青尺蛾, 22
白脉青尺蛾四川亚种, 23
白脉青尺蛾指名亚种, 23
白缘彩青尺蛾, 21
斑翠尺蛾, 43
斑翠尺蛾属, 43
斑尖尾尺蛾, 39
斑镰翅绿尺蛾, 50
斑镰翅绿尺蛾台湾亚种, 51
斑镰翅绿尺蛾锡金亚种, 50
斑镰翅绿尺蛾指名亚种, 50
斑始青尺蛾, 29
斑新青尺蛾, 41
半彩青尺蛾, 22
半焦艳青尺蛾, 2
宝艳青尺蛾, 2
豹尺蛾, 18
豹尺蛾海南亚种, 18
豹尺蛾指名亚种, 18
豹尺蛾属, 18
豹涡尺蛾, 16
北京尺蛾, 19
鞭尖尾尺蛾, 37
滨石涡尺蛾, 16
波翅青尺蛾, 52
波翅青尺蛾东方亚种, 52
波翅青尺蛾属, 52
波无缰青尺蛾, 27

C

彩青尺蛾, 21
彩青尺蛾属, 20
草绿尺蛾, 23
叉新青尺蛾, 42
岔绿尺蛾属, 41
长纹绿尺蛾, 8
超暗始青尺蛾, 30
齿二线绿尺蛾, 53
齿突尾尺蛾, 32
齿纹尖尾尺蛾, 39
赤线尺蛾, 14
赤线尺蛾属, 14
赤颜锈腰尺蛾, 28
川冠尺蛾, 35
川冠尺蛾江西亚种, 35
川冠尺蛾四川亚种, 35
垂耳尺蛾属, 44
瓷尺蛾, 7
瓷尺蛾属, 7
丛斑翠尺蛾, 43
丛尖尾尺蛾, 36
丛尖尾尺蛾海南亚种, 36
翠仿锈腰尺蛾, 5
翠绿萍尺蛾, 43
翠缘无缰青尺蛾, 27

D

大斑绿尺蛾, 9
大艳青尺蛾, 1
大艳青尺蛾指名亚种, 2

带无缰青尺蛾, 25
单仿锈腰尺蛾, 6
单线灰黄尺蛾, 4
淡波翅青尺蛾, 52
淡色始青尺蛾, 30
淡无缰青尺蛾, 25
迪青尺蛾, 17
迪青尺蛾属, 17
点绿萍尺蛾, 43
点尾无缰青尺蛾, 26
点线亚四目绿尺蛾, 12
点锈腰尺蛾, 28
点亚四目绿尺蛾, 12
蝶青尺蛾, 23
顶绿尺蛾, 8
东方突尾尺蛾, 33
豆纹尺蛾, 40
豆纹尺蛾属, 40
渎青尺蛾, 17
渎青尺蛾属, 17
短尖尾尺蛾, 37
短尾艳青尺蛾, 2

E

峨眉突尾尺蛾, 33
二线绿尺蛾属, 53

F

帆尺蛾, 42
帆尺蛾华西亚种, 42
帆尺蛾属, 42
仿麻青尺蛾, 3
仿锈腰尺蛾属, 5
翡樟翠尺蛾, 51
粉斑京尺蛾, 19
粉斑异尺蛾, 41
粉尺蛾, 46
粉尺蛾白色亚种, 46
粉尺蛾日本亚种, 46
粉尺蛾云南亚种, 47
粉尺蛾属, 46

粉无缰青尺蛾, 25
丰艳青尺蛾, 3
峰尺蛾属, 14
峰丽斑尺蛾, 4
辐射尺蛾属, 31
副海绿尺蛾, 46
副锯翅青尺蛾属, 45
傅氏无缰青尺蛾, 25

G

甘肃二线绿尺蛾, 53
橄榄峰尺蛾, 14
橄缺口青尺蛾, 54
钢四眼绿尺蛾, 7
弓丽斑尺蛾, 5
弓丽斑尺蛾指名亚种, 5
弓艳青尺蛾, 1
钩海绿尺蛾, 46
钩线青尺蛾, 23
孤斑绿菱尺蛾, 49
冠尺蛾属, 34
冠始青尺蛾, 29
冠始青尺蛾指名亚种, 29

H

海绿尺蛾, 45
海绿尺蛾属, 45
荷氏环斑绿尺蛾, 49
黑角绿尺蛾, 11
红斑亚四目绿尺蛾, 12
红边亚四目绿尺蛾, 13
红带粉尺蛾, 47
红脸尖尾尺蛾, 39
红颜锈腰尺蛾, 28
红缘苇尺蛾, 44
红缘无缰青尺蛾, 27
红缘亚四目绿尺蛾, 13
宏始青尺蛾, 30
洪峰尺蛾, 14
虹突尾尺蛾, 32
后副锯翅青尺蛾, 45
弧斑翠尺蛾, 43
花丽斑尺蛾, 4
华尖尾尺蛾, 38
环斑绿尺蛾, 50
环斑绿尺蛾属, 49
环点绿尺蛾, 14

环点绿尺蛾属, 14
幻突尾尺蛾, 33
黄斑尺蛾属, 19
黄斑豆纹尺蛾, 40
黄斑绿尺蛾, 8
黄边仿锈腰尺蛾, 6
黄边仿锈腰尺蛾指名亚种, 6
黄边涡尺蛾, 16
黄点绿尺蛾, 9
黄辐射尺蛾, 31
黄基粉尺蛾, 47
黄基粉尺蛾日本亚种, 47
黄介青尺蛾, 31
黄介青尺蛾指名亚种, 31
黄星尖尾尺蛾, 38
黄颜蓝青尺蛾, 23
黄缘无缰青尺蛾, 25
灰峰尺蛾, 14
灰黄尺蛾属, 4
灰尖尾尺蛾, 39

J

吉尖尾尺蛾, 37
夹竹桃艳青尺蛾, 2
夹竹桃艳青尺蛾指名亚种, 3
假垂耳尺蛾属, 48
尖峰垂耳尺蛾, 44
尖绿尺蛾, 8
尖绿尺蛾指名亚种, 8
尖尾尺蛾属, 36
尖翼尺蛾, 20
简无缰青尺蛾, 27
简艳青尺蛾, 2
江浙冠尺蛾, 35
江浙冠尺蛾台湾亚种, 35
江浙冠尺蛾指名亚种, 35
焦斑艳青尺蛾, 3
焦斑艳青尺蛾宁波亚种, 3
洁绿尺蛾, 11
洁丝尺蛾, 48
洁亚四目绿尺蛾, 12
介青尺蛾属, 31
金边无缰青尺蛾, 27
金星垂耳尺蛾, 44
金银彩青尺蛾, 21
堇瓷尺蛾, 8
京尺蛾属, 19

净无缰青尺蛾, 25
净无缰青尺蛾中亚亚种, 25
菊四目绿尺蛾, 53
巨斑环斑绿尺蛾, 50
巨尺蛾, 43
巨尺蛾属, 43
巨青尺蛾属, 34
巨始青尺蛾, 29
巨无缰青尺蛾, 26
巨艳青尺蛾, 3
锯翅尖尾尺蛾, 37
锯纹粉尺蛾, 47

K

凯无缰青尺蛾, 26
康亚四目绿尺蛾, 12
克峰尺蛾, 14
克什副锯翅青尺蛾, 45
克始青尺蛾, 30
空无缰青尺蛾, 26
枯斑翠尺蛾, 21
宽带峰尺蛾, 15
宽线绿尺蛾, 9
宽线青尺蛾, 23
旷环斑绿尺蛾, 50
盔绿尺蛾, 9
琨环斑绿尺蛾, 50

L

蓝绿无缰青尺蛾, 26
蓝亚四目绿尺蛾, 12
类叉新青尺蛾, 41
类饰纹绿尺蛾, 10
类四圈无缰青尺蛾, 26
丽斑尺蛾, 4
丽斑尺蛾海南亚种, 4
丽斑尺蛾属, 4
丽斑翠尺蛾, 43
丽彩青尺蛾, 22
丽尖尾尺蛾, 39
丽绿尺蛾, 9
丽涡尺蛾, 16
栎绿尺蛾, 10
莲丝尺蛾, 48
镰翅绿尺蛾, 51
镰翅绿尺蛾中国亚种, 51
镰翅绿尺蛾属, 50

恋突尾尺蛾, 33
淋绿尺蛾, 11
灵亚四目绿尺蛾, 12
羚尺蛾, 1
羚尺蛾属, 1
庐山尖尾尺蛾, 36
芦青尺蛾属, 36
绿波翅青尺蛾, 52
绿尺蛾属, 8
绿雕尺蛾, 7
绿雕尺蛾属, 7
绿仿锈腰尺蛾, 6
绿仿锈腰尺蛾指名亚种, 6
绿粉尺蛾, 1
绿粉尺蛾属, 1
绿峰尺蛾, 15
绿荷尺蛾, 3
绿荷尺蛾属, 3
绿尖尾尺蛾, 38
绿镰尺蛾, 8
绿镰尺蛾属, 8
绿菱尺蛾属, 49
绿萍尺蛾, 42
绿萍尺蛾属, 42
绿始青尺蛾, 30
绿始青尺蛾马来亚种, 30
绿翼尺蛾, 20
绿缘无缰青尺蛾, 26
萝摩艳青尺蛾, 1

M

麻尖尾尺蛾, 37
麻青尺蛾属, 3
玛瑙豆纹尺蛾, 40
漫副锯翅青尺蛾, 45
玫绿尺蛾, 6
玫绿尺蛾属, 6
玫始青尺蛾, 30
美彩青尺蛾, 21
美冠尺蛾, 34
美海绿尺蛾, 45
美艳青尺蛾, 3
弥粉垂耳尺蛾, 44
迷仿锈腰尺蛾, 5
米埔樟翠尺蛾, 52
密翼尺蛾, 20
绵亚四目绿尺蛾, 13

绵亚四目绿尺蛾四川亚种, 13
绵亚四目绿尺蛾指名亚种, 13
渺樟翠尺蛾, 51
谬尖尾尺蛾, 36
默青尺蛾, 24
牡彩青尺蛾, 22

N

纳艳青尺蛾, 1

O

藕色突尾尺蛾, 32

P

篷樟翠尺蛾, 52
平波尖尾尺蛾, 38
平峰尺蛾, 14
平假垂耳尺蛾, 48
平纹绿尺蛾, 11
平无缰青尺蛾, 27
平艳青尺蛾, 2
平艳青尺蛾海南亚种, 2
平艳青尺蛾指名亚种, 2
屏边冠尺蛾, 35

Q

奇突尾尺蛾, 32
奇锈腰尺蛾, 28
迁突尾尺蛾, 32
浅粉尺蛾, 47
巧无缰青尺蛾, 25
俏绿尺蛾, 9
青尺蛾属, 22
青粉尺蛾, 47
青粉尺蛾指名亚种, 47
青辐射尺蛾, 31
青尖尾尺蛾, 38
青京尺蛾, 19
青突尾尺蛾, 32
青突尾尺蛾指名亚种, 33
青颜锈腰尺蛾, 28
清二线绿尺蛾, 53
曲白带青尺蛾, 23
曲线青尺蛾, 24
曲线无缰青尺蛾, 25
泉丝尺蛾, 48
缺口青尺蛾, 54

缺口青尺蛾属, 54
鹊尖尾尺蛾, 37

R

染尺蛾, 49
染尺蛾属, 49
染亚四目绿尺蛾, 12
柔绿尺蛾, 9
弱绿尺蛾, 9

S

洒脱亚四目绿尺蛾, 13
三岔绿尺蛾, 41
砂涡尺蛾, 17
珊彩青尺蛾, 22
申氏绿尺蛾, 10
肾纹绿尺蛾, 10
圣海绿尺蛾, 46
狮涡尺蛾, 16
始青尺蛾, 29
始青尺蛾属, 29
饰粉垂耳尺蛾, 44
饰纹绿尺蛾, 10
饰无缰青尺蛾, 26
双波暗青尺蛾, 50
双弓尺蛾, 5
双弓尺蛾属, 5
双弧绿尺蛾, 11
双线冠尺蛾, 36
双线绿尺蛾, 9
双线新青尺蛾, 41
丝尺蛾属, 48
斯氏无缰青尺蛾, 27
四川尖尾尺蛾, 39
四点波翅青尺蛾, 52
四点波翅青尺蛾西藏亚种, 52
四点波翅青尺蛾指名亚种, 52
四圈无缰青尺蛾, 26
四眼绿尺蛾, 7
四眼绿尺蛾属, 7
苏海绿尺蛾, 46
索冠尺蛾, 35
索冠尺蛾指名亚种, 35

T

台湾峰尺蛾, 15
台湾副锯翅青尺蛾, 45

台湾冠尺蛾, 36
台湾镰翅绿尺蛾, 50
台湾四眼绿尺蛾, 7
台湾无缰青尺蛾, 27
潭渎青尺蛾, 17
天目峰尺蛾, 15
天目黄斑尺蛾, 19
突尾尺蛾属, 32
突尾丽斑尺蛾, 4
突缘尖尾尺蛾, 39
褪色芦青尺蛾, 36

W

蛙青尺蛾, 23
弯斑绿菱尺蛾, 49
弯彩青尺蛾, 22
弯脉始青尺蛾, 29
王氏缺口青尺蛾, 54
维亚四目绿尺蛾, 13
伪翼尺蛾, 48
伪翼尺蛾属, 48
苇尺蛾属, 44
纹尖尾尺蛾, 39
纹丽斑尺蛾, 5
纹镰翅绿尺蛾, 51
纹月青尺蛾, 42
涡尺蛾属, 16
乌苏介青尺蛾, 31
乌苏介青尺蛾四川亚种, 31
乌苏里青尺蛾, 24
污尖尾尺蛾, 39
无环豆纹尺蛾, 40
无缰青尺蛾属, 24

X

夕始青尺蛾, 30
西藏尖尾尺蛾, 39
西藏突尾尺蛾, 33
晰垂耳尺蛾, 44
细线青尺蛾, 23
细线无缰青尺蛾, 27
霞青尺蛾, 19
霞青尺蛾属, 18
鲜亚四目绿尺蛾, 12
线尖尾尺蛾, 38
镶边彩青尺蛾, 22

镶纹绿尺蛾, 34
镶纹绿尺蛾属, 34
小白波纹突尾尺蛾, 33
小斑亚四目绿尺蛾, 12
小海绿尺蛾, 46
小红点缘青尺蛾, 20
小灰粉尺蛾, 47
小灰粉尺蛾指名亚种, 47
小尖尾尺蛾, 37
小介青尺蛾, 31
小京尺蛾, 19
小巨青尺蛾, 34
小青尖尾尺蛾, 37
小缺口青尺蛾, 54
小始青尺蛾, 30
小镶纹绿尺蛾, 34
肖彩青尺蛾, 22
肖二线绿尺蛾, 53
肖灰尖尾尺蛾, 38
楔斑豆纹尺蛾, 40
斜尖尾尺蛾, 37
新粉垂耳尺蛾, 44
新绿尺蛾, 9
新青尺蛾属, 41
星渎青尺蛾, 17
星缘锈腰尺蛾, 28
锈腰尺蛾属, 28
续尖尾尺蛾, 38
雪豹涡尺蛾, 16
雪脉突尾尺蛾, 33

Y

亚长纹绿尺蛾, 10
亚长纹绿尺蛾中国亚种, 10
亚海绿尺蛾, 46
亚绿峰尺蛾, 15
亚肾纹绿尺蛾, 11
亚四目绿尺蛾, 13
亚四目绿尺蛾属, 11
亚突尾尺蛾, 33
亚突尾尺蛾指名亚种, 33
岩突尾尺蛾, 33
艳青尺蛾属, 1
叶绿尺蛾, 49
叶绿尺蛾属, 49
怡突尾尺蛾, 32

遗仿锈腰尺蛾, 6
疑尖尾尺蛾, 37
忆亚四目绿尺蛾, 11
异瓣无缰青尺蛾, 25
异尺蛾, 41
异尺蛾属, 40
异巨青尺蛾, 34
异丝尺蛾, 48
异无缰青尺蛾, 25
翼尺蛾属, 20
荫无缰青尺蛾, 26
银底新青尺蛾, 41
银绿尺蛾, 4
银绿尺蛾属, 4
银线突尾尺蛾, 32
银亚四目绿尺蛾, 11
引无缰青尺蛾, 25
隐仿锈腰尺蛾, 6
隐角斑绿尺蛾, 11
隐纹尖尾尺蛾, 38
印青尺蛾, 24
缨海绿尺蛾, 46
缨尖尾尺蛾, 39
盈豹尺蛾, 18
盈豹尺蛾海南亚种, 18
盈豹尺蛾缅甸亚种, 18
影镰翅绿尺蛾, 51
迂彩青尺蛾, 21
羽彩青尺蛾, 21
圆丽斑尺蛾, 5
缘冠尺蛾, 35
缘青尺蛾属, 20
源无缰青尺蛾, 26
月渎青尺蛾, 17
月青尺蛾, 42
月青尺蛾属, 42
悦尖尾尺蛾, 38
云青尺蛾, 24
云杉无缰青尺蛾, 26
云纹绿尺蛾, 10

Z

赞青尺蛾, 54
赞青尺蛾属, 54
赞涡尺蛾, 16
藏仿锈腰尺蛾, 6

藏镰翅绿尺蛾, 51
藏绿尺蛾, 11
樟翠尺蛾属, 51
折无缰青尺蛾, 27
折无缰青尺蛾指名亚种, 28
赭点峰尺蛾, 15
赭点峰尺蛾指名亚种, 15
赭点始青尺蛾, 29
赭无缰青尺蛾, 27
赭缘波翅青尺蛾, 52
直粉尺蛾, 47
直脉青尺蛾, 24
直线绿尺蛾, 9
止艳青尺蛾, 2
中国巨青尺蛾, 34
中国四眼绿尺蛾, 7
桌艳青尺蛾, 2
紫斑绿尺蛾, 10
紫峰尺蛾, 15
紫脉豆纹尺蛾, 40
紫砂豆纹尺蛾, 40

学 名 索 引

A

Absala, 1
Absala dorcada, 1
Actenochroma, 1
Actenochroma muscicoloraria, 1
Agathia, 1
Agathia antitheta, 1
Agathia arcuata, 1
Agathia carissima, 1
Agathia codina, 1
Agathia codina codina, 2
Agathia diversiformis, 2
Agathia gaudens, 2
Agathia gemma, 2
Agathia hemithearia, 2
Agathia hilarata, 2
Agathia hilarata hainanensis, 2
Agathia hilarata hilarata, 2
Agathia laetata, 2
Agathia laqueifera, 2
Agathia lycaenaria, 2
Agathia lycaenaria lycaenaria, 3
Agathia magnificentia, 3
Agathia quinaria, 3
Agathia siren, 3
Agathia visenda, 3
Agathia visenda curvifiniens, 3
Aoshakuna, 3
Aoshakuna chlorissodes, 3
Aporandria, 3
Aporandria specularia, 3
Aracima, 4
Aracima serrata, 4
Argyrocosma, 4
Argyrocosma inductaria, 4

B

Berta, 4
Berta annulifera, 4
Berta apopempta, 4
Berta chrysolineata, 4
Berta chrysolineata hainanensis, 4
Berta digitijuxta, 4
Berta poppaea, 5
Berta rugosivalva, 5
Berta zygophyxia, 5
Berta zygophyxia zygophyxia, 5

C

Calleremites, 5
Calleremites subornata, 5
Chlorissa, 5
Chlorissa amphitritaria, 5
Chlorissa anadema, 5
Chlorissa aquamarina, 5
Chlorissa arcana, 6
Chlorissa distinctaria, 6
Chlorissa distinctaria distinctaria, 6
Chlorissa gelida, 6
Chlorissa obliterata, 6
Chlorissa unilinearia, 6
Chlorissa viridata, 6
Chlorissa viridata viridata, 6
Chlorochromodes, 6
Chlorochromodes rhodocraspeda, 6
Chlorodontopera, 7
Chlorodontopera chalybeata, 7
Chlorodontopera discospilata, 7
Chlorodontopera mandarinata, 7
Chlorodontopera taiwana, 7
Chloroglyphica, 7
Chloroglyphica glaucochrista, 7
Chlororithra, 7
Chlororithra fea, 7
Chlororithra missioniaria, 8
Chlorozancla, 8
Chlorozancla falcatus, 8
Comibaena, 8
Comibaena apicipicta, 8
Comibaena argentataria, 8
Comibaena attenuata, 8
Comibaena attenuata attenuata, 8
Comibaena auromaculata, 8
Comibaena bellula, 9
Comibaena biplaga, 9
Comibaena birectilinea, 9
Comibaena cassidara, 9
Comibaena cenocraspis, 9
Comibaena decora, 9

Comibaena delineata, 9
Comibaena dubernardi, 9
Comibaena flavicans, 9
Comibaena fuscidorsata, 9
Comibaena hypolampes, 9
Comibaena latilinea, 9
Comibaena nigromacularia, 10
Comibaena ornataria, 10
Comibaena parornataria, 10
Comibaena pictipennis, 10
Comibaena procumbaria, 10
Comibaena quadrinotata, 10
Comibaena sheni, 10
Comibaena signifera, 10
Comibaena signifera subargentaria, 10
Comibaena striataria, 11
Comibaena subdelicata, 11
Comibaena subprocumbaria, 11
Comibaena swanni, 11
Comibaena takasago, 11
Comibaena tancrei, 11
Comibaena tenuisaria, 11
Comibaena tibetensis, 11
Comostola, 11
Comostola cedilla, 11
Comostola chlorargyra, 11
Comostola christinaria, 12
Comostola cognata, 12
Comostola dyakaria, 12
Comostola enodata, 12
Comostola francki, 12
Comostola laesaria, 12
Comostola maculata, 12
Comostola meritaria, 12
Comostola mundata, 12
Comostola ocellulata, 12
Comostola ovifera, 13
Comostola ovifera ovifera, 13
Comostola ovifera szechuanensis, 13
Comostola pyrrhogona, 13
Comostola satoi, 13
Comostola subtiliaria, 13
Comostola turgescens, 13
Comostola virago, 13

Culpinia, 14
Culpinia diffusa, 14
Cyclothea, 14
Cyclothea disjuncta, 14

D

Dindica, 14
Dindica glaucescens, 14
Dindica hepatica, 14
Dindica kishidai, 14
Dindica limatula, 14
Dindica olivacea, 14
Dindica para, 15
Dindica para para, 15
Dindica polyphaenaria, 15
Dindica purpurata, 15
Dindica subvirens, 15
Dindica taiwana, 15
Dindica tienmuensis, 15
Dindica virescens, 15
Dindica wilemani, 15
Dindicodes, 16
Dindicodes albodavidaria, 16
Dindicodes apicalis, 16
Dindicodes apicalis apicalis, 16
Dindicodes apicalis hunana, 16
Dindicodes costiflavens, 16
Dindicodes crocina, 16
Dindicodes davidaria, 16
Dindicodes ectoxantha, 16
Dindicodes euclidiaria, 16
Dindicodes leopardinata, 16
Dindicodes vigil, 17
Dooabia, 17
Dooabia alia, 17
Dooabia lunifera, 17
Dooabia puncticostata, 17
Dooabia viridata, 17
Dyschloropsis, 17
Dyschloropsis impararia, 17
Dysphania, 18
Dysphania militaris, 18
Dysphania militaris abnegata, 18
Dysphania militaris militaris, 18
Dysphania subrepleta, 18
Dysphania subrepleta excubitor, 18
Dysphania subrepleta semifracta, 18

E

Ecchloropsis, 18
Ecchloropsis xenophyes, 19
Epichrysodes, 19
Epichrysodes tienmuensis, 19

Epipristis, 19
Epipristis minimaria, 19
Epipristis nelearia, 19
Epipristis pullusa, 19
Epipristis roseus, 19
Epipristis transiens, 19
Episothalma, 20
Episothalma cognataria, 20
Episothalma cuspidata, 20
Episothalma robustaria, 20
Eucrostes, 20
Eucrostes disparata, 20
Eucyclodes, 20
Eucyclodes albiradiata, 21
Eucyclodes albotermina, 21
Eucyclodes aphrodite, 21
Eucyclodes augustaria, 21
Eucyclodes difficta, 21
Eucyclodes discipennata, 21
Eucyclodes divapala, 21
Eucyclodes gavissima, 21
Eucyclodes infracta, 22
Eucyclodes lalashana, 22
Eucyclodes monbeigaria, 22
Eucyclodes omeica, 22
Eucyclodes pastor, 22
Eucyclodes sanguilineata, 22
Eucyclodes semialba, 22

G

Geometra, 22
Geometra albovenaria, 22
Geometra albovenaria albovenaria, 23
Geometra albovenaria latirigua, 23
Geometra dieckmanni, 23
Geometra euryagyia, 23
Geometra flavifrontaria, 23
Geometra fragilis, 23
Geometra glaucaria, 23
Geometra neovalida, 23
Geometra papilionaria, 23
Geometra rana, 23
Geometra sigaria, 24
Geometra sinoisaria, 24
Geometra smaragdus, 24
Geometra sponsaria, 24
Geometra symaria, 24
Geometra ussuriensis, 24
Geometra valida, 24

H

Hemistola, 24
Hemistola alboneura, 25

Hemistola antigone, 25
Hemistola arcilinea, 25
Hemistola asymmetra, 25
Hemistola chrysoprasaria, 25
Hemistola chrysoprasaria lissas, 25
Hemistola cinctigutta, 25
Hemistola detracta, 25
Hemistola dijuncta, 25
Hemistola euethes, 25
Hemistola flavifimbria, 25
Hemistola fui, 25
Hemistola fuscimargo, 25
Hemistola glauca, 26
Hemistola grandis, 26
Hemistola inconcinnaria, 26
Hemistola isommata, 26
Hemistola kezukai, 26
Hemistola monotona, 26
Hemistola orbiculosa, 26
Hemistola orbiculosoides, 26
Hemistola ornata, 26
Hemistola parallelaria, 26
Hemistola periphanes, 26
Hemistola piceacola, 26
Hemistola rubricosta, 27
Hemistola rubrimargo, 27
Hemistola simplex, 27
Hemistola stathima, 27
Hemistola stueningi, 27
Hemistola taiwanensis, 27
Hemistola tenuilinea, 27
Hemistola unicolor, 27
Hemistola veneta, 27
Hemistola viridimargo, 27
Hemistola zimmermanni, 27
Hemistola zimmermanni zimmermanni, 28
Hemithea, 28
Hemithea aestivaria, 28
Hemithea krakenaria, 28
Hemithea marina, 28
Hemithea pallidimunda, 28
Hemithea stictochila, 28
Hemithea tritonaria, 28
Herochroma, 29
Herochroma baba, 29
Herochroma baibarana, 29
Herochroma crassipunctata, 29
Herochroma cristata, 29
Herochroma cristata cristata, 29
Herochroma curvata, 29
Herochroma mansfieldi, 29
Herochroma ochreipicta, 29

Herochroma pallensia, 30
Herochroma perspicillata, 30
Herochroma rosulata, 30
Herochroma sinapiaria, 30
Herochroma subtepens, 30
Herochroma supraviridaria, 30
Herochroma viridaria, 30
Herochroma viridaria peperata, 30
Herochroma yazakii, 30

I

Idiochlora, 31
Idiochlora minuscula, 31
Idiochlora ussuriaria, 31
Idiochlora ussuriaria mundaria, 31
Idiochlora xanthochlora, 31
Idiochlora xanthochlora xanthochlora, 31
Iotaphora, 31
Iotaphora admirabilis, 31
Iotaphora iridicolor, 31

J

Jodis, 32
Jodis albipuncta, 32
Jodis argentilineata, 32
Jodis argutaria, 32
Jodis ctila, 32
Jodis delicatula, 32
Jodis dentifascia, 32
Jodis inumbrata, 32
Jodis iridescens, 32
Jodis irregularis, 32
Jodis lactearia, 32
Jodis lactearia lactearia, 33
Jodis nanda, 33
Jodis niveovenata, 33
Jodis omeiensis, 33
Jodis orientalis, 33
Jodis praerupta, 33
Jodis rantaizanensis, 33
Jodis subtractata, 33
Jodis subtractata subtractata, 33
Jodis tibetana, 33
Jodis undularia, 33

L

Limbatochlamys, 34
Limbatochlamys pararosthorni, 34
Limbatochlamys parvisis, 34
Limbatochlamys rosthorni, 34
Linguisaccus, 34

Linguisaccus minor, 34
Linguisaccus subhyalina, 34
Lophophelma, 34
Lophophelma calaurops, 34
Lophophelma costistrigaria, 35
Lophophelma erionoma, 35
Lophophelma erionoma kiangsiensis, 35
Lophophelma erionoma suonubigosa, 35
Lophophelma funebrosa, 35
Lophophelma funebrosa funebrosa, 35
Lophophelma iterans, 35
Lophophelma iterans iterans, 35
Lophophelma iterans onerosus, 35
Lophophelma pingbiana, 35
Lophophelma taiwana, 36
Lophophelma varicoloraria, 36
Louisproutia, 36
Louisproutia pallescens, 36

M

Maxates, 36
Maxates acutigoniata, 36
Maxates acutissima, 36
Maxates acutissima perplexata, 36
Maxates acyra, 36
Maxates adaptaria, 37
Maxates albistrigata, 37
Maxates ambigua, 37
Maxates auspicata, 37
Maxates brachysoma, 37
Maxates brevicaudata, 37
Maxates coelataria, 37
Maxates dissimulata, 37
Maxates dysgenes, 37
Maxates extrambigua, 37
Maxates flagellaria, 37
Maxates glaucaria, 38
Maxates grandificaria, 38
Maxates habra, 38
Maxates hemitheoides, 38
Maxates illiturata, 38
Maxates lactipuncta, 38
Maxates macariata, 38
Maxates microdonta, 38
Maxates protrusa, 38
Maxates quadripunctata, 38
Maxates rufolimbata, 39
Maxates saturatior, 39
Maxates sinuolata, 39
Maxates submacularia, 39
Maxates subtaminata, 39

Maxates szechwanensis, 39
Maxates thetydaria, 39
Maxates tibeta, 39
Maxates veninotata, 39
Maxates versicauda, 39
Maxates vinosifimbria, 39
Metallolophia, 40
Metallolophia albescens, 40
Metallolophia arenaria, 40
Metallolophia cuneataria, 40
Metallolophia flavomaculata, 40
Metallolophia inanularia, 40
Metallolophia opalina, 40
Metallolophia purpurivenata, 40
Metaterpna, 40
Metaterpna batangensis, 41
Metaterpna differens, 41
Metaterpna thyatiraria, 41
Mixochlora, 41
Mixochlora vittata, 41

N

Neohipparchus, 41
Neohipparchus hypoleuca, 41
Neohipparchus maculata, 41
Neohipparchus vallata, 41
Neohipparchus verjucodumnaria, 41
Neohipparchus vervactoraria, 42
Neromia, 42
Neromia carnifrons, 42
Neromia carnifrons rectilinearia, 42

O

Oenospila, 42
Oenospila flavifusata, 42
Oenospila strix, 42
Ornithospila, 42
Ornithospila esmeralda, 42
Ornithospila lineata, 43
Ornithospila submonstrans, 43
Orothalassodes, 43
Orothalassodes falsaria, 43
Orothalassodes floccosa, 43
Orothalassodes hypocrites, 43
Orothalassodes pervulgatus, 43

P

Pachista, 43
Pachista superans, 43
Pachyodes, 44
Pachyodes amplificata, 44
Pachyodes jianfengensis, 44
Pachyodes leucomelanaria, 44

Pachyodes novata, 44
Pachyodes ornataria, 44
Pachyodes subtrita, 44
Pamphlebia, 44
Pamphlebia rubrolimbraria, 44
Paramaxates, 45
Paramaxates khasiana, 45
Paramaxates posterecta, 45
Paramaxates taiwana, 45
Paramaxates vagata, 45
Pelagodes, 45
Pelagodes antiquadraria, 45
Pelagodes bellula, 45
Pelagodes cancriformis, 46
Pelagodes clarifimbria, 46
Pelagodes paraveraria, 46
Pelagodes proquadraria, 46
Pelagodes semengok, 46
Pelagodes simplvalvae, 46
Pelagodes sinuspinae, 46
Pelagodes subquadraria, 46
Pingasa, 46
Pingasa alba, 46
Pingasa alba albida, 46
Pingasa alba brunnescens, 46
Pingasa alba yunnana, 47
Pingasa chlora, 47
Pingasa chlora chlora, 47
Pingasa chloroides, 47
Pingasa lariaria, 47
Pingasa pseudoterpnaria, 47
Pingasa pseudoterpnaria pseudoterpnaria, 47
Pingasa rufofasciata, 47
Pingasa ruginaria, 47
Pingasa ruginaria pacifica, 47
Pingasa secreta, 47

Protuliocnemis, 48
Protuliocnemis candida, 48
Protuliocnemis castalaria, 48
Protuliocnemis dissimilis, 48
Protuliocnemis falcipennis, 48
Pseudepisothalma, 48
Pseudepisothalma ocellata, 48
Pseudoterpna, 48
Pseudoterpna simplex, 48
Psilotagma, 49
Psilotagma decorata, 49

R

Remiformvalva, 49
Remiformvalva viridicaput, 49
Rhomborista, 49
Rhomborista devexata, 49
Rhomborista monosticta, 49

S

Spaniocentra, 49
Spaniocentra hollowayi, 49
Spaniocentra incomptaria, 50
Spaniocentra kuniyukii, 50
Spaniocentra lyra, 50
Spaniocentra megaspilaria, 50
Sphagnodela, 50
Sphagnodela lucida, 50

T

Tanaorhinus, 50
Tanaorhinus formosana, 50
Tanaorhinus kina, 50
Tanaorhinus kina embrithes, 50
Tanaorhinus kina flavinfra, 51
Tanaorhinus kina kina, 50
Tanaorhinus luteivirgatus, 51

Tanaorhinus reciprocata, 51
Tanaorhinus reciprocata confuciaria, 51
Tanaorhinus tibeta, 51
Tanaorhinus viridiluteata, 51
Thalassodes, 51
Thalassodes immissaria, 51
Thalassodes intaminata, 51
Thalassodes maipoensis, 52
Thalassodes opalina, 52
Thalera, 52
Thalera fimbrialis, 52
Thalera fimbrialis chlorosaria, 52
Thalera lacerataria, 52
Thalera lacerataria lacerataria, 52
Thalera lacerataria thibetica, 52
Thalera rubrifimbria, 52
Thalera simpliria, 52
Thalera suavis, 52
Thetidia, 53
Thetidia albocostaria, 53
Thetidia atyche, 53
Thetidia chlorophyllaria, 53
Thetidia correspondens, 53
Thetidia kansuensis, 53
Thetidia smaragdaria, 53
Timandromorpha, 54
Timandromorpha discolor, 54
Timandromorpha enervata, 54
Timandromorpha olivaria, 54
Timandromorpha wangi, 54

X

Xenozancla, 54
Xenozancla versicolor, 54